北京课工场教育科技有限公司 **出品**

新技术技能人才培养系列教程

大 数 据 核 心 技 术 系 列

Python 网络爬虫
Scrapy 框架

肖睿 陈磊 / 主编

刘信杰 王莹莹 秦丽娟 / 副主编

U0234080

人民邮电出版社

北 京

图书在版编目（CIP）数据

Python网络爬虫 : Scrapy框架 / 肖睿，陈磊主编
. -- 北京 : 人民邮电出版社，2020.1
　新技术技能人才培养系列教程
　ISBN 978-7-115-52729-5

　Ⅰ．①P… Ⅱ．①肖… ②陈… Ⅲ．①软件工具—程序
设计—教材 Ⅳ．①TP311.561

　中国版本图书馆CIP数据核字(2020)第001813号

内 容 提 要

互联网上存在着大量值得收集的公共信息，而爬虫技术就是获取这些公共信息的主要工具。本书以主流的 Scrapy 爬虫框架为例，介绍了 Python 网络爬虫的组成、爬虫框架的使用以及分布式爬虫等内容。本书运用了大量案例和实践，融入了含金量十足的开发经验，使得内容紧密结合实际应用。在此基础上，本书还通过丰富的练习和操作实践，帮助读者巩固所学的内容。本书配以多元的学习资源和支持服务，包括视频、案例素材、学习社区等，为读者提供全方位的学习体验。

本书适合作为计算机、大数据等相关专业的教材，也适合具有一定 Linux 或 Python 开发基础的人员阅读，还可以作为爬虫工程师的学习用书。

◆ 主　编　肖　睿　陈　磊
　 副 主 编　刘信杰　王莹莹　秦丽娟
　 责任编辑　祝智敏
　 责任印制　王　郁　马振武
◆ 人民邮电出版社出版发行　　北京市丰台区成寿寺路 11 号
　 邮编　100164　电子邮件　315@ptpress.com.cn
　 网址　http://www.ptpress.com.cn
　 三河市君旺印务有限公司印刷
◆ 开本：787×1092　1/16
　 印张：13.5　　　　　　　　2020 年 1 月第 1 版
　 字数：291 千字　　　　　　2024 年 12 月河北第 7 次印刷

定价：45.00 元
读者服务热线：(010)81055256　印装质量热线：(010)81055316
反盗版热线：(010)81055315
广告经营许可证：京东市监广登字 20170147 号

序　言

丛书设计

大数据已经悄无声息地改变了我们的生活和工作方式，精准广告投放、实时路况拥堵预测已很普遍，在一些领域，人工智能比我们更加聪明、高效，未来的个性化医疗、教育将会真正实现，大数据迎来前所未有的机遇。Google 公司 2003 年开始陆续发表的关于 GFS、MapReduce 和 BigTable 的三篇技术论文，成为大数据发展的重要基石。十几年来大数据技术从概念走向应用，形成了以 Hadoop 为代表的一整套大数据技术。时至今日，大数据技术仍在快速发展，基础框架、分析技术和应用系统都在不断演变和完善，并不断地涌现出大量新技术，成为大数据采集、存储、处理、分析、可视化呈现的有效手段。企业需要利用大数据更加贴近用户、加强业务中的薄弱环节、规范生产架构和策略.对数家企业的调查显示，大数据工程师应该掌握的技能包括：Hadoop、HDFS、MapReduce、Hive、HBase、ZooKeeper、YARN、Sqoop、Spark、Spark Streaming、Scala、Kafka、Confluent、Flume、Redis、ETL、Flink/Streaming、Linux、Shell、Python、Java、MySQL、MongoDB、NoSQL、Cassandra、Spark MLib、Pandas、Numpy、Oozie、ElasticSearch、Storm 等，作为一名大数据领域的初学者，在短时间内很难系统地掌握以上全部技能点。"大数据核心技术系列"丛书根据企业人才实际需求，参考以往学习难度曲线，选取"Hadoop+Spark+Python"技术集作为核心学习路径，旨在为读者提供一站式、实战型大数据开发学习指导，帮助读者踏上由开发入门到实战的大数据开发之旅！

"大数据核心技术系列"以 Hadoop、Spark、Python 三个技术为核心，根据它们各自不同的特点，解决大数据中离线批处理和实时计算两种主要场景的应用。以 Hadoop为核心完成大数据分布式存储与离线计算；使用 Hadoop 生态圈中的日志收集、任务调度、消息队列、数据仓库、可视化 UI 等子系统完成大数据应用系统架构设计；以 Spark Streaming、Storm 替换 Hadoop 的 MapReduce 以实现大数据的实时计算；使用 Python完成数据采集与分析；使用 Scala 实现交互式查询分析与 Spark 应用开发。书中结合大量项目案例完成大数据处理业务场景的实战。

在夯实大数据领域技术基础的前提下，"大数据核心技术系列"丛书结合当下Python 语言在数据科学领域的活跃表现以及占有量日益扩大的现状，加强了对 Python语言基础、Scrapy 爬虫框架、Python 数据分析与展示等相关技术的讲解，为读者将来在大数据科学领域的进一步提升打下坚实的基础。

丛书特点

1．以企业需求为设计导向

满足企业对人才的技能需求是本系列丛书的核心设计原则，课工场大数据开发教研团队通过对数百位 BAT 一线技术专家进行访谈、对上千家企业人力资源情况进行调研、对上万个企业招聘岗位进行需求分析，实现对技术的准确定位，达到课程与企业需求的高契合度。

2．以任务驱动为讲解方式

丛书中的知识点和技能点均由任务驱动，读者在学习知识时不仅可以知其然，而且可以知其所以然，帮助读者融会贯通、举一反三。

3．以实战项目来提升技术

本丛书均设置项目实战环节，以综合运用书中的知识点帮助读者提升项目开发能力。每个实战项目都设有相应的项目思路指导、重难点讲解、实现步骤总结和知识点梳理。

4．以"互联网+"实现终身学习

本丛书可配合课工场 App 进行二维码扫描，来观看配套视频的理论讲解和案例操作，同时课工场在线开辟教材配套版块，提供案例代码及案例素材下载。此外，课工场还为读者提供了体系化的学习路径、丰富的在线学习资源和活跃的学习社区，方便读者随时学习。

读者对象

1．大中专院校的学生
2．编程爱好者
3．初中级程序开发人员
4．相关培训机构的老师和学员

读者服务

学习本丛书过程中如遇到疑难问题，读者可以访问课工场在线，也可以发送邮件到 ke@kgc.cn，我们的客服专员将竭诚为您服务。

感谢您阅读本丛书，希望本丛书能成为您大数据开发之旅的好伙伴！

"大数据核心技术系列"丛书编委会

前　言

大数据核心技术系列教材是为大数据技术学习者量身打造的学习用书，可实现对大数据领域核心技能的全面覆盖。

本书面向对大数据技术感兴趣的学习者，旨在帮助读者了解网络爬虫的工作原理、掌握运用 Scrapy 爬虫框架爬取互联网数据的技能。

本书的写作背景

从事数据相关工作的人员面临的第一个问题是：数据从哪里来？

使用网络爬虫进行数据爬取是除公司自有数据及购买以外的获取数据的主要途径。"工欲善其事，必先利其器"，掌握功能强大、易于扩展的 Scrapy 爬虫框架是数据领域从业者的必备技能。

本书将系统全面地讲解 Scrapy 爬虫框架的使用技巧，通过丰富的案例、练习和项目，帮助读者快速掌握高效爬取互联网数据的能力。

Scrapy 爬虫框架学习路线图

为了帮助读者快速了解本书的知识结构，编者整理了本书的学习路线图，如下所示。

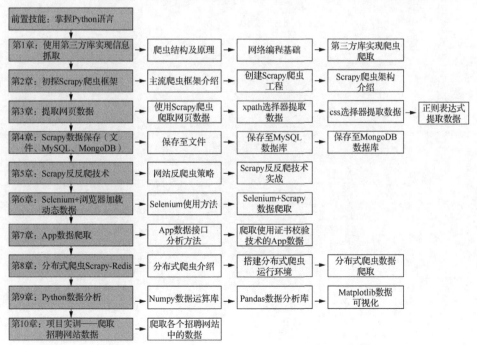

本书特色

1. 涉及多领域的实战项目
   - ➢ 社交网站（如豆瓣电影等）爬虫开发。
   - ➢ 信息聚合类网站（如火车网、招聘网等）爬虫开发。
   - ➢ 门户类网站（如搜狐网、新浪网等）爬虫开发。
   - ➢ App（如雪球、知乎等）爬虫开发。
   - ➢ 电商类网站（如京东、淘宝等）爬虫开发。
2. 丰富多样的教学资料
   - ➢ 配套素材及示例代码。
   - ➢ 每章课后作业及答案。
   - ➢ 重难点内容视频讲解（扫码直接观看）。
3. 随时可测学习效果
   - ➢ 每章提供"技能目标"及"本章总结"，助力读者明确学习要点。
   - ➢ 课后作业辅助读者巩固阶段性学习内容。
   - ➢ 课工场题库助力在线测试。

本书由课工场大数据开发教研团队组织编写，参与编写的还有陈磊、刘信杰、王莹莹、秦丽娟等院校老师。尽管编者在写作过程中力求准确、完善，但书中不妥之处仍在所难免，殷切希望广大读者批评指正！

智慧教材使用方法

扫一扫查看视频介绍

由课工场"大数据、云计算、全栈开发、互联网 UI 设计、互联网营销"等教研团队编写的系列教材，配合课工场 App 及在线平台的技术内容更新快、教学内容丰富、教学服务反馈及时等特点，结合二维码、在线社区、教材平台等多种信息化资源获取方式，形成独特的"互联网+"形态——智慧教材。

智慧教材为读者提供专业的学习路径规划和引导，读者还可体验在线视频学习指导，按如下步骤操作可以获取案例代码、作业素材及答案、项目源码、技术文档等教材配套资源。

1. 下载并安装课工场 App

（1）方式一：访问网址 www.ekgc.cn/app，根据手机系统选择对应课工场 App 安装，如图 1 所示。

图1　课工场App

（2）方式二：在手机应用商店中搜索"课工场"，下载并安装对应 App，如图 2 和图 3 所示。

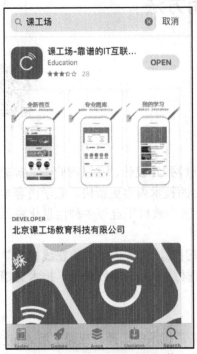

图2　iPhone版手机应用下载

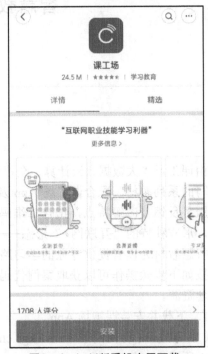

图3　Android版手机应用下载

2．获取教材配套资源

登录课工场 App，注册个人账号，使用课工场 App 扫描书中二维码，获取教材配套资源，依照图 4 至图 6 所示的步骤操作即可。

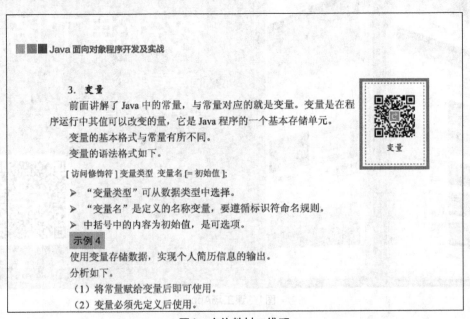

图4　定位教材二维码

图5　使用课工场App"扫一扫"扫描二维码　　　　图6　使用课工场App免费观看教材配套视频

3．获取专属的定制化扩展资源

（1）普通读者请访问 http://www.ekgc.cn/bbs 的"教材专区"版块，获取教材所需开发工具、教材中示例素材及代码、上机练习素材及源码、作业素材及参考答案、项目素材及参考答案等资源（注：图 7 所示网站会根据需求有所改版，故该图仅供参考）。

图7　从社区获取教材资源

（2）高校老师请添加高校服务 QQ：1934786863（如图 8 所示），获取教材所需开发工具、教材中示例素材及代码、上机练习素材及源码、作业素材及参考答案、项目素材及参考答案、教材配套及扩展 PPT、PPT 配套素材及代码、教材配套线上视频等资源。

图8　高校服务QQ

目 录

第1章 使用第三方库实现信息抓取 ···1

任务1 使用第三方库实现北京公交站点页面信息抓取 ·····················2
   1.1.1 介绍爬虫 ···2
   1.1.2 HTTP ··5
   1.1.3 HTML ···9
   1.1.4 使用第三方库实现爬虫功能 ···10
   1.1.5 技能实训 ···14

任务2 使用第三方库实现北京公交站点详细信息抓取 ·····················14
   1.2.1 lxml库 ··14
   1.2.2 第三方库数据抓取及保存 ···17
   1.2.3 技能实训 ···19

本章小结 ···19
本章作业 ···20

第2章 初探Scrapy爬虫框架 ···21

任务1 安装Scrapy爬虫框架并创建爬虫工程 ································22
   2.1.1 根据使用场景划分爬虫种类 ···22
   2.1.2 开发基于Scrapy爬虫框架的工程 ··25

任务2 学习并掌握Scrapy爬虫框架各模块的功能 ·························30
   2.2.1 Scrapy爬虫工程组成 ··30
   2.2.2 Scrapy爬虫框架架构 ··34

本章小结 ···36
本章作业 ···36

第3章 提取网页数据 ··37

任务1 使用Scrapy的选择器提取豆瓣电影信息 ····························38
   3.1.1 Response对象 ··38
   3.1.2 css选择器 ··42
   3.1.3 多层级网页爬取 ···44

3.1.4　技能实训 ··· 49

任务2　使用正则表达式从电影介绍详情中提取指定信息 ·················· 50

3.2.1　正则表达式 ··· 50

3.2.2　技能实训 ··· 55

本章小结 ··· 55

本章作业 ··· 55

第4章　Scrapy数据保存（文件、MySQL、MongoDB） ······················ 57

任务一　使用Feed exports将爬取的电影信息保存到常见数据格式文件中 ·········· 58

4.1.1　Feed exports ·· 58

4.1.2　技能实训 ··· 62

任务2　使用pipeline将爬取的电影信息数据保存到数据库中 ············ 63

4.2.1　Python操作MySQL数据库 ·· 63

4.2.2　pipeline模块 ··· 66

4.2.3　将数据保存到MongoDB中 ··· 68

4.2.4　技能实训 ··· 73

本章小结 ··· 73

本章作业 ··· 73

第5章　Scrapy反反爬技术 ··· 75

任务1　学习反爬虫和反反爬虫策略 ··· 76

5.1.1　反爬虫方法和反反爬虫策略 ··· 76

5.1.2　Scrapy设置实现反反爬 ··· 78

5.1.3　技能实训 ··· 85

任务2　学习Scrapy框架中更多常用的设置 ·································· 86

5.2.1　抓取需要登录的网站 ·· 86

5.2.2　Scrapy常用扩展设置 ·· 90

本章小结 ··· 91

本章作业 ··· 91

第6章　Selenium+浏览器加载动态数据 ·· 93

任务一　使用Selenium和第三方浏览器驱动完成搜狐网页信息爬取 ·········· 94

6.1.1　静态网页与动态网页 ·· 94

6.1.2　爬虫抓取动态网页的常用方法 ··· 98

6.1.3　Selenium+Chrome driver ·· 100

　　　　6.1.4　技能实训 ·· 102

　　任务二　使用Selenium+Chrome+Scrapy完成京东商品信息爬取 ··········· 102

　　　　6.2.1　Selenium的使用 ··· 102

　　　　6.2.2　Selenium提高效率的方法 ·································· 108

　　　　6.2.3　技能实训 ·· 111

　　本章小结 ·· 111

　　本章作业 ·· 111

第7章　App数据爬取　　　　　　　　　　　　　　　　　113

　　任务一　使用Scrapy爬虫框架爬取雪球App基金频道新闻列表数据 ········· 114

　　　　7.1.1　App数据爬取介绍 ·· 114

　　　　7.1.2　App数据接口分析方法 ······································ 116

　　　　7.1.3　使用Scrapy爬取App数据 ·································· 126

　　　　7.1.4　技能实训 ·· 129

　　任务2　使用Scrapy爬虫框架爬取知乎App推荐栏目列表数据 ············· 129

　　　　7.2.1　爬取使用证书校验技术的App数据 ························ 130

　　　　7.2.2　技能实训 ·· 134

　　本章小结 ·· 134

　　本章作业 ·· 134

第8章　分布式爬虫Scrapy-Redis　　　　　　　　　　　　135

　　任务1　搭建分布式爬虫运行环境 ······································· 136

　　　　8.1.1　分布式爬虫框架介绍 ·· 136

　　　　8.1.2　搭建分布式爬虫运行环境 ·································· 140

　　任务2　使用分布式爬虫完成对火车信息的爬取 ······················· 147

　　　　8.2.1　Scrapy-Redis分布式爬虫 ·································· 147

　　　　8.2.2　技能实训 ·· 153

　　本章小结 ·· 153

　　本章作业 ·· 154

第9章　Python数据分析　　　　　　　　　　　　　　　　155

　　任务1　使用Pandas统计招聘信息中城市名称出现的次数 ··············· 156

　　　　9.1.1　Python数据分析 ·· 156

　　　　9.1.2　NumPy ··· 159

　　　　9.1.3　Pandas ·· 163

    9.1.4　技能实训 ……………………………………………………………… 170

任务2　使用Matplotlib实现招聘信息中城市名称出现次数的可视化展示……… 170

    9.2.1　数据可视化 …………………………………………………………… 170

    9.2.2　技能实训 ……………………………………………………………… 174

本章小结 …………………………………………………………………………… 174

本章作业 …………………………………………………………………………… 174

第10章　项目实训——爬取招聘网站数据 …………………………………… 175

10.1　项目准备 …………………………………………………………………… 176

10.2　难点分析 …………………………………………………………………… 180

10.3　项目实现思路 ……………………………………………………………… 187

本章小结 …………………………………………………………………………… 199

本章作业 …………………………………………………………………………… 199

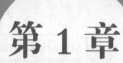

第 1 章

使用第三方库实现
信息抓取

- ➤ 了解爬虫的结构和原理。
- ➤ 了解 HTTP 的组成。
- ➤ 了解页面常用标签及其属性。
- ➤ 掌握使用第三方库实现网站页面下载的方法。
- ➤ 掌握使用第三方库实现页面数据提取的方法。
- ➤ 掌握使用第三方库实现爬虫功能的方法。

任务 1：使用第三方库实现北京公交站点页面信息抓取。
任务 2：使用第三方库实现北京公交站点详细信息抓取。

本章资源下载

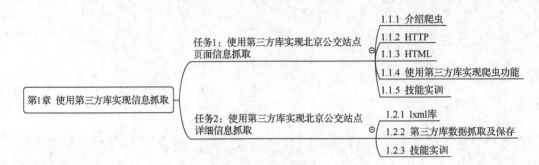

第1章 使用第三方库实现信息抓取

任务1：使用第三方库实现北京公交站点页面信息抓取
- 1.1.1 介绍爬虫
- 1.1.2 HTTP
- 1.1.3 HTML
- 1.1.4 使用第三方库实现爬虫功能
- 1.1.5 技能实训

任务2：使用第三方库实现北京公交站点详细信息抓取
- 1.2.1 lxml库
- 1.2.2 第三方库数据抓取及保存
- 1.2.3 技能实训

本章主要讲解使用第三方库实现网站页面信息和详细信息抓取的方法。通过本章的学习，读者不仅会对爬虫有更进一步的了解，还能通过学习 HTTP 和 HTML 了解爬虫的原理，并最终通过第三方的 Python 网络爬虫框架完成一个完整的爬虫任务。

任务 1 使用第三方库实现北京公交站点页面信息抓取

【任务描述】

了解爬虫的基础知识、HTTP、HTML 以及 Python 的两种第三方库 urllib3 和 requests，并通过 urllib3 和 requests 实现对北京公交站点页面信息的抓取。

【关键步骤】

（1）介绍爬虫。

（2）了解 HTTP。

（3）了解 HTML。

（4）使用第三方库实现爬虫功能。

1.1.1 介绍爬虫

网络爬虫，是一种基于 B/S 架构的数据采集技术，它能够按照一定的规则自动抓取万维网信息的程序或者脚本。

Python 网络爬虫架构主要由 5 部分组成，分别是调度器、URL 管理器、网页下载器、网页解析器和价值数据。网络爬虫运行流程如图 1.1 所示。

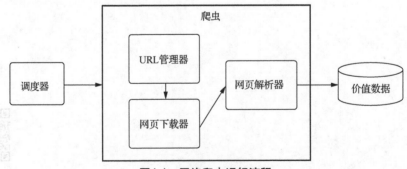

图1.1 网络爬虫运行流程

> 调度器

调度器相当于一台计算机的 CPU，主要负责 URL 管理器、网页下载器、网页解析器之间的协调工作。

> URL 管理器

统一资源定位符（Uniform Resource Locator，URL）可以通俗地理解为网址，在本章之后的内容中将会对其进行详细介绍。URL 管理器具有的功能包括管理待/已爬取的 URL 地址、防止重复/循环抓取 URL 地址等。

> 网页下载器

网页下载器会利用传入的 URL 地址来下载网页，即将网页的 HTML 源码下载下来之后，再通过网页解析器从中提取出所需要的数据。

> 网页解析器

网页解析器的功能是对网页的 HTML 源码进行解析，并按照预设的要求从中提取出所需要的数据。

> 价值数据

从网页中提取出的数据称为价值数据，其通常会被保存在文件或者数据库中。

1. 架构介绍

在实际生活中，最常见的程序架构是 C/S 架构和 B/S 架构。

（1）C/S 架构

客户机/服务器（Client/Server，C/S）架构的主要特点是交互性强、具有安全的存取模式、网络通信量低、响应速度快和利于处理大量数据。基于 C/S 架构开发的软件针对不同的操作系统具有不同的版本，因此其开发与维护成本相对较高。

（2）B/S 架构

浏览器/服务器（Browser/Server，B/S）架构是随着 Internet 技术的兴起对 C/S 架构进行改进以后的架构。在这种架构下，用户界面完全通过浏览器实现，一部分事务逻辑在前端实现，但主要事务逻辑在服务端实现。

C/S 架构与 B/S 架构的区别如图 1.2 所示。

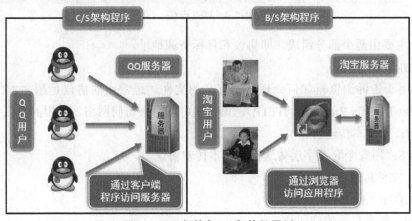

图1.2　C/S架构与B/S架构的区别

B/S 架构的工作原理如图 1.3 所示。

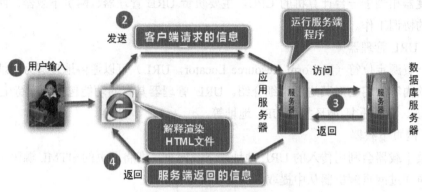

图1.3　B/S架构工作原理

由图 1.3 可知，B/S 架构的工作原理为：客户端的浏览器通过 URL 访问应用服务器，应用服务器再访问数据库服务器，然后将获得的结果以 HTML 形式返回客户端浏览器，浏览器最后将 HTML 渲染成精美的页面进行展示。

2．URL 介绍

URL 是从互联网上获取资源的位置和访问方法的简洁表示，是互联网上标准资源的地址。互联网上每个文件都有一个唯一的 URL，它包含的信息有文件的位置以及浏览器访问它的方法。URL 示例如图 1.4 所示。

图1.4　URL示例

URL 主要由两个部分组成，即协议和目标资源地址。

（1）协议

协议用于告诉浏览器如何处理将要打开的文件。最常用的协议是超文本传输协议（Hyper Text Transfer Protocol，HTTP），该协议可以用来访问网络。常用的协议如下。

HTTP：超文本传输协议。

HTTPS：用安全套接字层传送的超文本传输协议。

FTP：文件传输协议。

MAILTO：电子邮件协议。

LDAP：轻量目录访问协议。

FILE：本地文件传输协议。

NEWS：网络新闻组协议。

GOPHER：网际 GOPHER 协议。

TELNET：远程终端协议。

（2）目标资源地址

URL 会用"://"将协议与目标资源地址分开。目标资源地址包含到达目标文件的路径和文件本身的名称。有时候目标资源地址的最后会跟一个冒号和端口号，它也可以包含访问服务器所必需的用户名和密码。目标资源地址的前部分称为主机地址，也叫服务器地址，主机地址之后会通过"/"接上目标资源的最终所处位置，在该位置之后还可以通过"？"接上所须传递的参数，参数的形式通常是"参数名=参数值"。

URL 结构示例如图 1.5 所示。

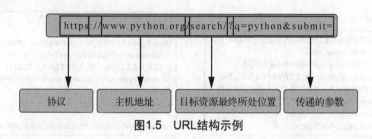

图1.5　URL结构示例

1.1.2　HTTP

HTTP 是用于从万维网服务器传送超文本到本地浏览器的传送协议，是一个基于 TCP/IP 来传递数据（HTML 文件、图片文件、查询结果等）的协议。

HTTP 的主要特点介绍如下。

灵活：HTTP 允许传输任意类型的数据对象，传输数据的类型由 Content-Type 加以标记。

无连接：无连接的含义是限定每次连接只处理一个请求。服务器处理完客户的请求并收到客户的应答后，即断开连接。

无状态：HTTP 是无状态协议，无状态指的是协议对于事务处理没有记忆能力。无状态意味着如果后续处理需要用到先前的信息，则必须进行数据重传，这样可能导致每次传输的数据量增大，但在服务器不需要先前信息时它的应答更快。

1．HTTP 的常用请求方法

客户向服务器请求服务时，只须传送请求方法和路径，并等待服务器的响应即可。HTTP 常用的请求方法如表 1-1 所示。

表 1-1　HTTP 常用请求方法

序号	方法	描述
1	GET	请求指定的页面信息，并返回实体主体
2	HEAD	类似于 GET 请求，只不过返回的响应中没有具体的内容，用于获取报头

续上表

序号	方法	描述
3	POST	向指定资源提交数据进行处理请求（例如提交表单或者上传文件），数据被包含在请求体中。POST 请求可能会导致新的资源的建立或已有资源的修改
4	PUT	用从客户端向服务器传送的数据取代指定的文档内容
5	DELETE	请求服务器删除指定的页面
6	CONNECT	利用 HTTP/1.1 预留能够将连接改为管道方式的代理服务器
7	OPTIONS	允许客户端查看服务器性能
8	TRACE	回显服务器收到的请求，主要用于测试或诊断

表 1-1 所列 HTTP 常用请求方法中 GET 和 POST 最为常用，GET 请求报头和 POST 请求报头的示例如图 1.6 和图 1.7 所示。

```
GET /562f25980001b1b106000338.jpg HTTP/1.1
Host:img.mukewang.com
User-Agent:Mozilla/5.0 (Windows NT 10.0;
  WOW64) AppleWebKit/537.36 (KHTML, like
  Gecko) Chrome/51.0.2704.106 Safari/537.36
Accept:image/webp,image/*,*/*;q=0.8
Accept-Encoding:gzip, deflate, sdch
Accept-Language:zh-CN,zh;q=0.8
```

图1.6　GET请求报头示例

```
POST / HTTP1.1
Host:www.wrox.com
User-Agent:Mozilla/4.0 (compatible; MSIE 6.0;
  Windows NT 5.1; SV1; .NET CLR 2.0.50727; .NET
  CLR 3.0.04506.648; .NET CLR 3.5.21022)
Content-Type:application/x-www-form-urlencoded
Content-Length:40
Connection: Keep-Alive

name=Professional%20Ajax&publisher=Wiley
```

图1.7　POST请求报头示例

在图 1.7 中，"name" 属性指定的值就是利用 POST 方法传递的表单数据。POST 方法传递表单数据的请求方式经常用于用户登录场景，所传递的数据是登录所需的用户名和密码。

2. HTTP 的消息结构

HTTP 通过可靠的链接交换信息，是一个无状态的请求/响应协议。一个 HTTP "客户端" 是一个应用程序（Web 浏览器或其他任何客户端），通过连接到服务器达到向服务器发送一个或多个 HTTP 请求的目的。一个 HTTP "服务器" 同样也是一个应用程序（通常是一个 Web 服务器），用于接收客户端的请求并向客户端发送 HTTP 响应数据。

（1）客户端请求消息

客户端发送一个 HTTP 请求到服务器，请求的信息包括请求行、请求头部和请求数据 3 个部分，客户端请求消息示例如图 1.8 所示。

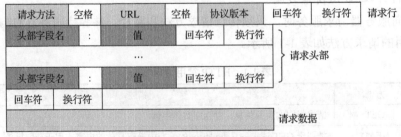

图1.8　客户端请求信息示例

（2）服务器响应消息

服务器接收到客户端的请求，并且请求权限、请求状态正常时将会给客户端回以响应，响应信息由 4 个部分组成，分别是状态行、消息报头、空行和响应正文。服务器响应消息示例如图 1.9 所示。

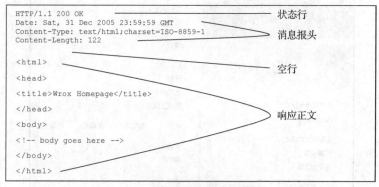

图1.9　服务器响应消息示例

3．HTTP 常用属性

在发送 HTTP 请求并回以响应过程中，客户端和服务器会分别传送请求报头与响应报头。请求报头与响应报头中都带有很多属性，其中常用的属性介绍如表 1-2 与表 1-3 所示。

表 1-2　请求报头中的常用属性

属性名	描述
Accept	用于指定客户端接收信息的类型
Content-Encoding	用于指定可接收的内容编码
User-Agent	客户端将它的操作系统、浏览器和其他属性告诉服务器
Cookie	爬取需要登录的网站，可用于用户身份验证
Host	用于指定被请求资源的 Internet 主机和端口号，通常从 URL 中提取出来

表 1-3　响应报头中的常用属性

属性名	描述
Set-Cookie	服务器返回给客户端的 cookie 信息，用于客户端下次请求时验证身份

4．使用 Chrome 浏览器监听网络请求

在使用 Python 开发爬虫的过程中，监听网络请求是一个必不可少的步骤，它可以清晰地查看 HTTP 请求过程的整个流程，包括请求报头、响应报头和响应的文件。使用 Chrome 浏览器监听网络请求的步骤如图 1.10 和图 1.11 所示。

在图 1.10 所示页面中点击右键并选择"更多工具"，在"更多工具"的复选框中点击"开发者工具"即可跳转到图 1.11 所示页面。

图1.10　选择开发者工具

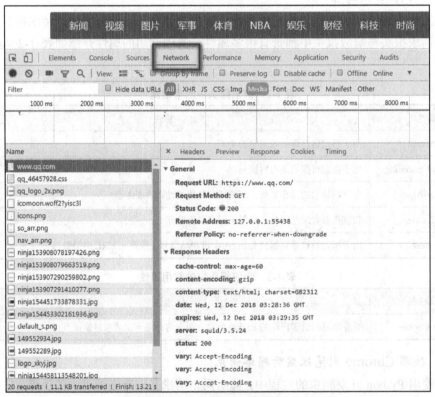

图1.11　选择Network监听

进入图 1.11 所示的 Network 监听界面之后，刷新整个页面，这时我们可以看到该刷新所做的所有请求。点击左侧 Name 栏中的第一个文件之后，右侧将显示对应的请求和响应的内容。

➢ Headers 是请求和响应的头部内容，General 表示通用内容，Response Headers 和 Request Headers 分别表示响应头部和请求头部的内容。

➢ Preview 是响应内容的预览。通常情况下如果内容为 JSON 的话，其在 Preview 中将以格式化的形式进行显示。

➢ Response 是服务器接收到请求后真正返回给浏览器的响应内容。

读者可以通过扫描二维码观看使用 Chrome 浏览器监听网络请求的演示视频。

使用 Chrome
浏览器监听网
络请求演示

1.1.3　HTML

超文本标记语言（HyperText Markup Language，HTML）是一种用于创建网页的标准标记语言。HTML 运行在浏览器上，由浏览器来解析。它不是一种编程语言，而是一种用于描述网页的标记语言。

1. 认识 HTML 标签

HTML 使用标签描述网页中的图片、文本、音乐、视频、超链接等。在 Python 爬虫的开发过程中，了解 HTML 标签以及标签中的属性是非常必要的。HTML 中最常见的标签介绍如表 1-4 所示。HTML 标签中的常见属性介绍如表 1-5 所示。

表 1-4　HTML 中最常见的标签

标签名	描述
\<div\>	可以把文档分割为独立的、不同的部分
\<h1\>~\<h6\>	可定义标题，\<h1\>定义最大的标题，\<h6\>定义最小的标题
\<p\>	用于定义段落
\<head\>	用于定义文档的头部，它是所有头部元素的容器
\<br\>	可插入一个简单的换行符。在 XHTML 中，把结束标签放在开始标签中，也就是\<br/\>中
\<a\>	定义超链接，用于从一个页面链接到另一个页面
\<img\>	向网页中嵌入一幅图像

表 1-5　HTML 标签中的常见属性

属性名	描述
href	指定链接的地址
class	规定元素的类名
id	规定元素的唯一 id
src	引用该图像文件的绝对路径或相对路径

2. 使用 Chrome 开发者工具观察页面标签

在 Chrome 浏览器中查看网页中的 HTML 源码的方式有两种。第一种方式是直接单击右键查看网页源码，之后会重新打开一个页面标签来显示这些源码，这种方式不会将标签进行一一匹配和归纳，查看过程比较烦琐。此外，使用这种方式查看到的是原始的 HTML 源码，而不是经过浏览器渲染后的 HTML 源码，在一些通过动态方式加载数据的网页中，会出现在页面中可以看到数据但是在 HTML 源码中找不到这些数据的现象。第二种方式是通过 Chrome 开发者工具中的"elements"项来查看，该项中所显示的 HTML 源码经过了浏览器渲染。利用这种方式我们可以正常地看到通过动态方式加载的数据。这种方式将标签进行了结构化，让标签更加清晰，并且如果通过鼠标单击源码会在浏览器网页上选中对应的内容，从而可以更加快速地定位源码对应的网页内容。使用 Chrome 开发者工具查找页面标签的示例如图 1.12 所示。

图1.12　查找页面标签示例

1.1.4　使用第三方库实现爬虫功能

本章 1.1.1 节已经介绍了爬虫的基础结构中包括调度器、URL 管理器、网页下载器、网页解析器和价值数据。其中调度器和 URL 管理器一般是在大型爬虫或多任务爬虫时出现，对于小型爬虫而言，调度器和 URL 管理器就显得不是那么必要了。网页下载器、网页解析器和价值数据是一个爬虫最基础的结构，有了这 3 个结构就可以开发爬虫程序，Python 语言中有可以很好地支持这 3 个结构的第三方库，在本章接下来的爬虫程序开发中将使用以下第三方库。

网页下载：使用 urllib3 或 requests 下载网页。

网页解析（网页数据提取）：使用 lxml 库解析网页，提取网页信息。

价值数据（数据保存）：使用 csv 库将抓取下来的数据保存到 CSV 文件中。

1.　urllib3 网络访问库

urllib3 是一个功能强大、条理清晰、用于 HTTP 客户端的 Python 库。它是 Python 标准库 urllib 的升级版，除了能正常地实现各类 HTTP 请求之外，还具有了 urllib 库所没有的很多重要特性，列举如下。

➢　确保线程安全。

➢　支持连接池。

> 验证客户端 SSL/TLS。

> 上传文件分部编码。

> 协助处理重复请求和 HTTP 重定向。

> 支持压缩编码。

> 支持 HTTP 和 SOCKS 代理。

（1）urllib3 网页下载流程

使用 urllib3 请求网页和下载网页只须完成两个主要步骤。

① 获取连接池对象，因为 urllib3 主要使用连接池进行网络请求的访问，所以访问之前须创建一个连接池对象 PoolManager()。

② 创建完连接池对象之后，使用连接池对象向目标网页发起 HTTP 请求。发送请求的方法是连接池对象的 request()方法，它有两个必要参数，第一个参数是请求方法，经常是 "GET" 或者 "POST"；第二个参数是将要进行请求的目标页面的 URL。

（2）urllib3 返回值

urllib3 请求成功之后，可以使用请求对象的一些属性来获取请求的返回值，常用的 urllib3 请求对象的属性如表 1-6 所示。

表 1-6　urllib3 请求对象的属性

属性名	描述
status	HTTP 请求状态码
data	HTTP 请求响应返回的数据（经常是 HTML 源码），爬虫目标数据就是从 data 属性中进行解析
header	HTTP 请求响应返回的请求头部

其中 "status" 属性表示 HTTP 请求状态码，常见状态码如下所示。

200：表示从客户端发来的请求在服务器中被正常处理了，也就是请求成功。

301：永久重定向，该状态码表示请求的资源已经被分配了新的 URL。

404：该状态码表明服务器上无法找到请求的资源。除此之外，其也可以在服务器端拒绝请求且不想说明理由时使用。

500：该状态码表明服务器端在执行请求时发生了错误，其有可能是 Web 应用存在的 bug 或某些临时故障的导致。

 注意

在使用 Python 开发爬虫的过程中，经常会先使用状态码来判断网络请求是否成功，再根据状态码的值确定下一步的工作。

示例 1-1

使用 urllib3 访问 "北京 328 路公交车路线" 的公交站点网页，并将网页源码输出到控制台中。

步骤：

① 导入 urllib3 库，创建 URL 变量并保存目标 URL。

② 根据 urllib3 请求网页的步骤，首先创建连接池对象 PoolManager()，然后调用连接池对象的 request()方法，并使用"GET"请求目标 URL，最后将参数填入 request()方法中。

③ 使用请求对象的"data"属性获取网页源码，并将其输出到控制台上。

关键代码如下所示。

```
import urllib3
URL="…"
#创建连接池对象，将其赋值给 pool_manager 变量
pool_manager=urllib3.PoolManager()
#使用 pool_manager 的 request 方法进行请求，并将请求对象赋值给变量 r
r=pool_manager.request('get',URL)
#调用 r 的 data 属性来输出网页源码
print(r.data.decode())
```

上述代码中"…"表示公交站点网页地址。本章下文代码中的"…"也是如此。

网页源码输出结果如图 1.13 所示。

at=xhtml; url=https://█.████.██.███████████"><title>328路公交车路线_北京328路_北京328路公交车路线</title><meta name="de

图1.13　网页源码输出结果

注意

代码中的"decode()"方法用于将网页中的中文字符解码成"utf-8"的编码格式，由于"decode()"方法默认的参数就是"utf-8"，所以其后的括号中为空即可。

2. requests 网络访问库

requests 库是使用 Python 语言基于 urllib 库编写的，其采用的是 Apache2 Licensed 开源协议的 HTTP 网络请求库。使用 requests 要比使用 urllib 更加方便，且可节约大量的工作，它的功能也比 urllib 更加强大。

requests 能够同时兼容 Python2 和 Python3，并且实现了 HTTP 中的绝大部分功能。它能设置连接池、使用 session 做会话等，功能十分强大，也是比较推荐使用的第三方网络请求库。

（1）requests 安装

由于 requests 属于 Python 的第三方库，所以需要先安装 requests 库，安装步骤如下。

① 打开 cmd 命令提示符。

② 输入 pip install requests。

③ 等待安装完成即可。

（2）requests 网页下载流程

requests 网页下载十分简便，利用其完成网页请求和下载只须进行下列一个步骤即可。

使用 requests.get()方法完成 "GET" 请求，使用 requests.post()方法完成 "POST" 请求。requests.get()和 requests.post()方法都必须将目标 URL 作为参数，requests.post()方法还可以根据实际情况传入表单数据作为参数。

（3）requests 返回值

requests 请求成功之后，可以使用请求对象的属性来获取请求的返回值，常用的属性介绍如表 1-7 所示。

表 1-7　requests 请求对象的常用属性

属性名	描述
status_code	返回 HTTP 请求状态码，与 urllib3 中的 status 属性相似
headers	返回 HTTP 的响应头部信息
cookies	返回响应的 cookies 信息
text	返回文本类型的响应数据
content	返回二进制类型的响应数据
json()	返回 json 类型的响应数据
raw	返回 raw 类型的响应数据

示例 1-2

使用 requests 访问 "北京 328 路公交车路线" 的公交站点网页，并将网页源码输出到控制台中。

步骤如下。

① 导入 requests 库，创建 URL 变量，保存目标 URL 到变量中。

② 根据 requests 请求网页的步骤，使用 get()方法请求目标 URL，并将目标 URL 作为参数填入方法中。

③ 使用请求对象的 "text" 属性获取网页源码，最后将其打印。

关键代码如下。

```
import requests
URL="…"
#使用 requests 的 get()方法以 get 的方式进行请求，并将请求对象赋值给变量 r
r=requests.get(URL)
#调用 r 的 data 属性来输出网页源码
print(r.text)
```

输出结果与图 1.13 相同。

 注意

如果要使用 requests 进行 POST 请求，则需要使用 requests.post()。requests.get()方法只能实现 GET 请求。

1.1.5 技能实训

首先，使用 urllib3 和 requests 库来创建两个请求网页的方法，要求通过调用方法可以直接返回用 get 方式请求 URL 之后的 HTML 源码，每个方法须将目标 URL 作为参数，其可被自由传入。

然后，将"北京公交查询"网站地址作为目标 URL，使用定义好的方法请求该网站，并将网站的 HTML 源码输出到控制台中。

步骤如下。

（1）创建 page_fetch.py 模块。

（2）在模块中创建 get_html_by_urllib3()函数，在函数中使用 urllib3 返回目标 URL 的 HTML 源码。

（3）在模块中创建 get_html_by_requests()函数，在函数中使用 requests 返回目标 URL 的 HTML 源码。

（4）将"北京公交查询"网站地址作为参数填入两个方法中，并将 HTML 源码输出到控制台中。

任务 2 使用第三方库实现北京公交站点详细信息抓取

【任务描述】

使用 lxml 库以及 xpath 语法提取页面中指定的详细信息，并将所抓取下来的数据保存在 CSV 文件中。

【关键步骤】

（1）使用第三方库下载 HTML 页面。

（2）使用 xpath 语句解析页面并提取目标信息。

（3）保存数据至 CSV 文件中。

1.2.1 lxml 库

实现请求网页 URL 并得到其 HTML 源码之后，就需要将目标内容或目标数据从 HTML 源码中提取出来，lxml 库就是解析 HTML 的一个第三方库。

Python 标准库中自带了 xml 模块，它虽然能解析 xml 文件和 HTML 页面内容，但是其性能不够好，并且缺乏一些人性化的接口。相比之下，第三方库 lxml 是使用 Cython 实现的，它增加了很多实用的功能，是爬虫处理网页数据的一件利器。lxml 大部分功能都存在 lxml.etree 中，下文所涉及的内容也都与其相关。

lxml 库主要通过 xpath 语句来解析 HTML 页面，它可以灵活地提取页面的内容，从而达到提取目标数据的目的。

使用 lxml 库提取网页内容的步骤如下。

（1）导入相应类库 "from lxml import etree"。

（2）使用 HTML()方法生成待解析对象 "tree=etree.HTML(html)"，其中 html 为传入的参数，是目标页面的 HTML 源码。

（3）调用待解析对象的 xpath()方法 tree.xpath()，在其中填入 xpath 语句作为参数，进行 HTML 解析。

xpath 是一套用于解析 XML/HTML 的语法，它使用路径表达式来选取 XML/HTML 中的节点或节点集。xpath 的常用语法和实例如表 1-8 至表 1-12 所示。

表 1-8　选取节点表达式

表达式	描述
nodename	选取此节点的所有子节点
/	从根节点选取
//	从匹配选择的当前节点选择文档中的节点，而不考虑它们的位置
.	选取当前节点
..	选取当前节点的父节点
@	选取属性

表 1-9　表达式实例

表达式	描述
bookstore	选取 bookstore 元素的所有子节点
/bookstore	选取根元素 bookstore。注释：假如路径起始于正斜杠(/)，则此路径始终代表到某元素的绝对路径
bookstore/book	选取属于 bookstore 的子元素的所有 book 元素
//book	选取所有 book 子元素，而不管它们在文档中的位置
bookstore//book	选择属于 bookstore 元素的后代的所有 book 元素，而不管它们位于 bookstore 之下的什么位置
//@lang	选取名为 lang 的所有属性

表 1-10　路径表达式谓语实例

路径表达式	描述
/bookstore/book[1]	选取属于 bookstore 子元素的第一个 book 元素
/bookstore/book[last()]	选取属于 bookstore 子元素的最后一个 book 元素
/bookstore/book[last()-1]	选取属于 bookstore 子元素的倒数第二个 book 元素
/bookstore/book[position()<3]	选取最前面的两个属于 bookstore 元素的子元素的 book 元素
//title[@lang]	选取所有拥有名为 lang 的属性的 title 元素
//title[@lang='eng']	选取所有 title 元素，且这些元素拥有值为 eng 的 lang 属性

续上表

路径表达式	描述
/bookstore/book[price>35.00]	选取 bookstore 元素的所有 book 元素，且其中的 price 元素的值须大于 35.00
/bookstore/book[price>35]/title	选取 bookstore 元素中的 book 元素的所有 title 元素，且其中的 price 元素的值须大于 35

表 1-11　未知节点选取

通配符	描述
*	匹配任何元素节点
@*	匹配任何属性节点
node()	匹配任何类型的节点

表 1-12　未知节点选取实例

路径表达式	描述
/bookstore/*	选取 bookstore 元素的所有子元素
//*	选取文档中的所有元素
//title[@*]	选取所有带有属性的 title 元素

示例 1-3

在示例 1-2 的基础上，提取出公交站点的信息，也就是"龙泉驾校—和平东桥"的公交站点信息，并将其在控制台上输出。

步骤如下。

（1）使用 Chrome 检查来定位目标数据。

（2）找到最容易识别定位的元素进行定位。

（3）使用 lxml 库来解析 HTML 页面。

（4）调用待解析对象的 xpath()方法，填入 xpath 语句进行解析。

（5）将 xpath 解析出来的内容在控制台中输出。

关键代码如下。

```
from lxml import etree
html=r.text
#r 是示例 2 中使用 requests 进行 get 请求后的对象
tree=etree.HTML(html)
bus_stations=tree.xpath('//div[@class="bus_site_layer"]')[0].xpath('.//a/text()')
#如果要获取标签中的文本，就需要在 xpath 语句的末尾加上/text()
print(bus_stations)
```

输出结果如图 1.14 所示。

图1.14　公交站点信息输出结果

注意

　　在编写 xpath 语句时，找准定位点尤其重要，例如示例 3 中的第一段 xpath 语句表达的是选取所有属性 class 是 "bus_site_layer" 的 div 标签，通过 Chrome 可以检查到符合条件的 div 只有两个。选取符合条件的标签越少，越容易定位，只有一个标签符合条件那是最完美的情况。通过索引的方式选取第一个节点（即使用 "[0]" 的地方）后，通过 xpath 选取第一个符合条件的 div 标签下的所有 a 标签的文本内容，即可定位到所有的站点信息。

1.2.2　第三方库数据抓取及保存

　　在抓取一个详情页面中的目标数据之后，接下来需要思考如何让爬虫有规律地去抓取所有相似的详情页中的目标数据。比如在示例 3 中，所抓取的目标数据是 328 路公交车的站点信息，但是如果需要抓取 1～500 路公交车的站点信息，就要手动将这 500 条公交车线路的 URL 都先抓取下来，再一一请求解析出目标数据吗？实际上是不需要的。这种情况涉及爬虫的多层级网页爬取逻辑。

　　在现实中经常会遇到这样的情况：想要获取一个新闻网站中每篇新闻的内容，即新闻内容是目标数据，但是新闻网站的首页通常是一个 "列表页"，它并不直接显示新闻内容，而是会显示新闻标题和超链接，点击新闻标题之后才可以进入详情页查看新闻内容。这种情况下就可以使用多层级网页爬取逻辑来实现以新闻 "列表页" 为入口的新闻 "详情页" 内容抓取。以两层网页为例，可将其爬取逻辑整理如下。

　　（1）请求第一层网页（列表页），目标数据是详情页的链接。

　　（2）使用 xpath 对网页进行解析，获取详情页的链接。

　　（3）循环遍历详情页链接，并逐一请求第二层网页（详情页）。

　　（4）使用 xpath 对详情页进行解析，获取最终目标数据。

　　（5）保存目标数据。

示例 1-4

　　示例 1-3 是抓取了一个详情页的目标数据，现在需要在北京公交网站列表页中，抓取所有市区普线公交线路的信息，获取目标数据后需要在控制台中进行输出。

　　分析如下。

　　① 根据两层网页爬取逻辑提取所有市区普线详情页面的链接。

　　② 遍历链接，逐一请求，解析目标数据。

　　③ 因为示例 1-3 是一个解析详情页的例子，而所有的详情页也有非常相似的页面，故可将代码复用，以定位所有详情页的目标数据。

　　关键代码如下。

```
import requests
from lxml import etree
```

```
prefix_URL="…"
#前缀 URL，用于拼凑完整详情页 URL
r=requests.get('…')
html=r.text
tree=etree.HTML(html)
bus_line_URLs=tree.xpath("//div[@class="site_list"]/a/@href")
#获取所有详情页的 URL 后缀
for URL in bus_line_URLs:
    bus_line_html=requests.get(prefix_URL+URL).text
    #请求完整详情页 URL
    bus_line_tree=etree.HTML(bus_line_html)
    bus_line=bus_line_tree.xpath("//strong")[0].xpath('text()')
    #解析线路名
    bus_stations=bus_line_tree.xpath('//div[@class="bus_line_site"]')[0].xpath('//a/text()')
    print(bus_line,bus_station)
```

输出结果如图 1.15 所示。

图1.15　多条公交站点信息输出结果

 注意

　　在使用 Chrome 检查列表页中定位的详情页链接时，可以发现，a 标签中的 href 属性内只有一个 URL 后缀，所以需要添加统一的 URL 前缀才能拼凑成一个完整的详情页 URL。在编写 xpath 语句时，须填充有些属性名中的空格，若不填充则可能获取不到目标数据。

　　成功获取目标数据后，可以将数据进行保存，以便再次使用。由示例 1-4 可知实际上我们获取了两个字段的数据，即 bus_line 线路名称和 bus_stations 线路站点，它们都以列表的形式被输出。接下来可以使用 csv 模块将数据存放到 CSV 文件中。

　　示例 1-5

在示例 1-4 的基础上，创建数据保存函数，并将示例 1-4 抓取到的数据存放至 CSV 文件中。

关键代码如下。

```
import os
import csv
def save_to_csv(line,stations):
    is_exist=False
    #判断文件是否存在，决定是否需要加入标题
    if os.path.exists("stations.csv"):
        is_exist=True
    with open("stations.csv","a",encoding="utf-8",newline="")as csvfile:
        writer=csv.writer(csvfile)
        if not is_exist:
            writer.writerow(['公交路线','站点'])
        writer.writerow([line,",".join(stations)])
```

定义完函数之后，再将函数加入示例 1-3 中，完成数据保存，关键代码如下。

```
for URL in bus_line_URLs:
    ...
    print(bus_line,bus_station)
    save_to_csv(bus_line[0],bus_stations)
```

运行上述代码后，将在该.py 文件的同级目录下生成一个 stations.csv 文件，文件中有抓取下来的数据。

1.2.3　技能实训

现须抓取所有北京到上海的火车线路以及各线路所经过的站点信息，并须将抓取下来的数据保存到 CSV 文件中。

分析：

① 使用多层级网页爬取逻辑进行爬取；

② 创建数据保存函数；

③ 在爬虫逻辑中调用数据保存函数以保存数据。

本章小结

➢　HTTP 请求主要有两种形式，分别是 GET 请求和 POST 请求，GET 请求不需要向服务器提供表单，POST 请求通常需要向服务器提供表单。

➢　在 HTML 页面标签中，链接通常是在 a 标签中的 href 属性下，id 属性的值在一个 HTML 页面中只会出现一次。

➢　requests 库是被强烈推荐使用的第三方网络请求库。

➢　编写 xpath 语句时，找到定位点是非常重要的，通常标签中的 class 属性或者 id 属性是比较好的定位点。

➢　两层网页的爬取逻辑可以很容易地扩展成多层级网页爬取逻辑。

本章作业

一、简答题

1. URL 是什么？它由哪些部分组成？

2. 在 HTTP 请求过程中，客户端发送的请求由哪 3 个部分组成？

3. 简述多层级网页爬取的步骤。

4. 写一条 xpath 语句，要求其能在 HTML 页面中解析出所有包含属性的 div 标签下的文本内容。

二、编码题

编写一个爬虫程序，要求如下。

目标网页：豆瓣读书网站最受关注图书榜。

目标数据：书名、图书简介。

程序包含：网络请求方法（使用 urllib3 或 requests 实现）、数据保存方法。

程序输出：包含 10 条目标数据的 CSV 文件，CSV 文件的第一行为列名。

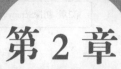

第 2 章

初探 Scrapy 爬虫框架

- ➤ 了解爬虫的概念以及常见的爬虫框架。
- ➤ 掌握安装、创建 Scrapy 爬虫框架的方法。
- ➤ 掌握启动 Scrapy 爬虫工程的方法。
- ➤ 了解 Scrapy 爬虫框架的组成。

任务 1: 安装 Scrapy 爬虫框架并创建爬虫工程。
任务 2: 学习并掌握 Scrapy 爬虫框架各模块的功能。

本章资源下载

第2章 初探Scrapy爬虫框架

任务1：安装Scrapy爬虫框架并创建爬虫工程
　　2.1.1 根据使用场景划分爬虫种类
　　2.1.2 开发基于Scrapy爬虫框架的工程

任务2：学习并掌握Scrapy爬虫框架各模块的功能
　　2.2.1 Scrapy爬虫工程组成
　　2.2.2 Scrapy爬虫框架架构

使用 Scrapy 爬虫框架能够极大地提高爬虫的开发效率，是当前爬虫开发的主流方式。熟练掌握并使用爬虫框架开发爬虫将能达到事半功倍的效果。本章我们将向读者介绍爬虫的分类和 Scrapy 爬虫框架的安装方法，并带着大家创建第一个 Scrapy 爬虫工程；最后还会介绍 Scrapy 爬虫框架的组成和架构原理，帮助大家从整体上认识 Scrapy 爬虫框架。

任务 1　安装 Scrapy 爬虫框架并创建爬虫工程

【任务描述】

完成 Scrapy 爬虫框架的安装和配置，并通过命令行创建基于 Scrapy 爬虫框架的爬虫工程。

【关键步骤】

（1）安装 Scrapy 爬虫框架。

（2）配置 Scrapy 爬虫框架。

（3）使用命令行创建基于 Scrapy 爬虫框架的爬虫工程。

（4）使用命令行启动爬虫工程。

2.1.1　根据使用场景划分爬虫种类

笼统地讲，能够从网站中抓取数据的程序就叫作爬虫。事实上，面对不同的需求，我们可将爬虫进一步划分为通用搜索爬虫和垂直搜索爬虫。

1．通用搜索爬虫

应该说每个人都是通用搜索爬虫的受益者，因为百度等搜索引擎就是使用通用搜索爬虫爬取互联网上的数据的。通用搜索爬虫从互联网上搜集网页、采集信息，然后由搜索引擎为网页信息建立索引，从而给用户提供搜索服务。通用搜索爬虫面对的是没有特定目标、数量极其庞大的互联网数据。通用搜索爬虫会事无巨细地将爬取到的所有数据保存下来，可以说搜索引擎就是在建立一个互联网内容的镜像，因此爬虫的规模通常非常大，应用到的技术也非常复杂。

通用搜索爬虫的运行逻辑如下。

（1）爬虫开始运行时以一个 URL 列表作为爬取的初始入口。从这个 URL 列表开始，通用搜索爬虫不断下载网页。

（2）提取下载所得网页中所有的 URL。

（3）爬取新提取的 URL 对应的网页。

（4）重复步骤（2）和（3）直到将互联网上所有的网页都爬取了一遍，至此，通用搜索爬虫的本次爬取结束。通用搜索爬虫的爬取流程如图 2.1 所示。

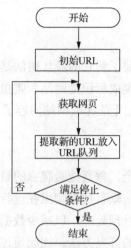

图2.1　通用搜索爬虫爬取流程

通用搜索爬虫的目标是尽可能多地爬取到互联网上的所有内容，而互联网每秒钟都会诞生无数的新网站、新网页、新内容。那么，通用爬虫如何获取新网站的 URL 呢？主要有以下 3 种方法。

① 新网站主动向搜索引擎提交网站 URL 以增加网站曝光率。

② 如果新网站的 URL 出现在其他网站上（即外链），爬虫通过迭代爬取可以在某次爬取中获得新网站的 URL。

③ 搜索引擎公司与 DNS 解析服务商合作获取新网站的 URL。

通常情况下，网站是欢迎通用搜索爬虫的，因为网站内容被收录到搜索引擎中会加大网站的曝光率，提高网站的访问量。但也有例外的情况，一些网站尤其是电商网站，并不希望自己网站上的内容出现在搜索引擎上，此时，网站会通过设置禁止爬虫爬取标识来达到禁止爬虫爬取的目的。

在网页中设置禁止爬虫爬取标识的方法有两个。

① 在 a 标签中设置 rel="nofollow"，此种方法可以理解成一个作用范围比较小的禁止标识。

② 给网站添加 robots 协议，这种方式的作用范围更加大，影响范围也更加广。主要的电商网站都以添加 robots 协议的方式来禁止通用搜索爬虫爬取自己的页面。

为了让大家更直观地了解 robots 协议，本书特将京东的 robots 协议介绍如下。

User-agent:*
Disallow:/?*
Disallow:/pop/*.html
Disallow:/pinpai/*.html?*
User-agent:EtaoSpider

Disallow:/
User-agent:HuihuiSpider
Disallow:/
User-agent:GwdangSpider
Disallow:/
User-agent:WochachaSpider
Disallow:/

对于 robots 协议，大家不需要了解它的具体语法是什么样的，只要了解它的作用就可以了。这里要注意，禁止爬虫爬取标识是网站和爬虫之间的君子协定，并不是说网站设置了这个标识，爬虫就从技术上无法爬取网站内容了。因此，即便京东有 robots 协议，它的网站内容仍然可以被爬取。

2. 垂直搜索爬虫

不同于通用搜索爬虫的大而全，垂直搜索爬虫的目的性更强，对爬取数据的需求更加聚焦，爬虫的规模通常也更小。垂直搜索爬虫在运行时尽量只抓取与需求相关的网页信息，并可能会对爬取的数据进行预处理，以减少数据的保存量。

本书主要讲解垂直搜索爬虫的开发方法。比起通过使用第三方库自己编写爬虫逻辑开发爬虫，更加主流的方法是使用爬虫框架来开发爬虫。

（1）为什么要学习框架技术

大家做演讲的时候应该都用过 PPT。制作具有专业水准的 PPT 的一个简单方法是使用模板。使用模板新建的文档已经有了 PPT 的"架子"，我们只需要把必要的信息像做填空题一样填写进去就可以了。类似于制作 PPT，在开发软件时当我们选定一个框架后，就相当于选择了一个 PPT 模板，有了一个"架子"，此时，只须在这个架子里填上内容，工作就完成了。框架技术的优势如下。

➢ 不用考虑公共问题，框架已经帮我们考虑了。

➢ 可以专心于业务逻辑，保证核心业务逻辑的开发质量。

➢ 结构统一，便于学习和维护。

➢ 框架集成了前人的经验，可以帮助新手写出运行稳定、性能优良而且结构优美的高质量程序。

（2）框架的概念

框架（Framework）是一个提供了可重用公共结构的半成品，它为我们构建新的应用程序提供了极大的便利，不但提供了可以拿来就用的工具，而且提供了可重用的设计。"框架"这个词最早出现在建筑领域，指的是在建造房屋前构建的建筑骨架。对于程序来说，"框架"就是应用程序的骨架，开发者可以在这个骨架上添加自己的东西，搭建符合需求的应用系统。框架中凝结着前人的经验和智慧。使用框架，我们就如同站在了巨人的肩膀上。

Rickard Oberg（WebWork 的作者兼 JBoss 的创始人之一）说过："框架的强大之处不是它能让你做什么，而是它不让你做什么。"Rickard 强调了框架另一个层面的含义：框架使混乱的东西变得结构化。莎士比亚说："一千个人的眼中就有一千个哈姆雷特。"同样，如果没有框架的话，一千个人将写出一千种 requests+lxml+csv 的爬虫代码；相反，有了框架后，其能够保证程序结构风格的统一。从企业的角度来说，框架降低了软件开发和维护的成本。框架在结构统一和创造力之间维持着平衡。

（3）主流框架介绍

框架技术在互联网领域有非常广的应用，比较有名的有 Struts2 框架、Hibernate 框架、Spring 框架、SpringMVC 框架、MyBatis 框架等，涉及互联网应用设计开发的方方面面。

在爬虫开发领域有众多的爬虫框架可供选择，下面介绍两种常用的爬虫框架：PySpider 和 Scrapy。

PySpider 是一个在 github 上开源的基于 Python 语言开发的爬虫框架。PySpider 提供了一个运行于浏览器的 WebUI 编辑管理页面，因此具有上手快、学习简单等特点。但是由于它的创建者不使用 Windows 操作系统，PySpider 对 Windows 操作系统的支持很差，部署在 Windows 操作系统上可能会出现不可预知的错误。这也在一定程度上限制了 PySpider 的传播与使用。

本书选取的爬虫框架是 Scrapy 爬虫框架。Scrapy 爬虫框架同样是一个基于 Python 语言开发的爬虫框架，并且它在 Windows 操作系统和 Linux 操作系统上都能够很好地运行。Scrapy 爬虫框架支持非常丰富的配置选项，能够针对反爬力度不同的网站设置不同的反反爬策略，完美地完成数据爬取工作。并且由于 Scrapy 爬虫框架是多线程的，故其单机爬取就有非常不错的效率。如果安装扩展库，Scrapy 爬虫框架还可以部署在分布式环境中，进一步满足大规模爬取的需求，是非常理想的爬虫框架，在企业中也会被广泛地使用。

2.1.2　开发基于 Scrapy 爬虫框架的工程

本书的开发环境是基于 Anaconda 安装的，但是 Scrapy 爬虫框架并没有被集成到 Anaconda 中，所以在使用开发环境前需要先安装 Scrapy 爬虫框架。

1.　安装 Scrapy 爬虫框架

打开"Anaconda Prompt"命令行，使用"conda install scrapy"命令安装 Scrapy 爬虫框架。如果安装失败，可能的原因是 Scrapy 爬虫框架所依赖的 twisted 安装失败。twisted 是用 Python 实现的基于事件驱动的网络引擎框架（从这里可以看出，一个框架可以依赖于另一个框架），但其安装形式比较特殊，须先下载源码，再在本地编译生成可执行文件后才能安装，而如果本地无 VS 编译工具或 VS 的版本低于编译要求就会导致 twisted 安装失败，进而即会使得 Scrapy 安装失败。此时可以采用下载离线安装包的方式下载并安装 twisted，但要注意选择与操作系统版本相对应的安装文件。twisted 安装完成后再重新使用"conda install scrapy"命令安装 Scrapy 爬虫框架就可以了。

在使用 Scrapy 爬虫框架时，不论是创建 Scrapy 爬虫工程，还是启动运行已创建的 Scrapy 爬虫工程，都需要使用命令行。因此，为了方便后续的开发，在 Scrapy 爬虫框架安装成功后需要配置 Windows 系统的环境变量以使框架可用。方法是将 Anaconda 安装目录下的 Scripts 文件夹的路径添加到 Windows 操作系统的 PATH 变量中。现以 Windows 7

为例，介绍具体的操作方法。

（1）打开"控制面板"，点选"系统"图标，如图 2.2 所示。

图2.2　点选"系统"图标

（2）点选"系统"图标进入系统窗口后，点选"高级系统设置"，如图 2.3 所示。

图2.3　点选"高级系统设置"

（3）点选"高级系统设置"弹出系统属性窗口后，点选"环境变量"，如图 2.4 所示。

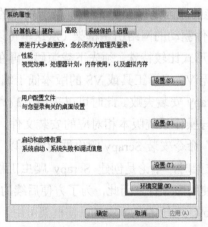

图2.4　点选"环境变量"

（4）点选"环境变量"弹出环境变量窗口后，双击 PATH 变量，如图 2.5 所示。

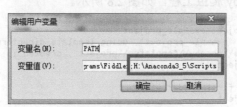

图2.5　双击PATH变量

（5）双击 PATH 变量弹出编辑用户变量窗口后，编辑 PATH 变量，即将 Anaconda 安装目录下的 Scripts 文件夹的路径添加到 Windows 操作系统的 PATH 变量中，如图 2.6 所示。

图2.6　编辑PATH变量

注意

在配置变量时，文件夹地址之间要用";"分割，并且配置好变量后要重启命令行窗口以使变量生效。

完成变量配置后，启动命令行界面并输入 scrapy，可验证 Scrapy 爬虫框架是否安装配置成功，成功后的界面如图 2.7 所示。

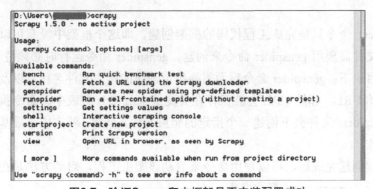

图2.7　验证Scrapy爬虫框架是否安装配置成功

由图 2.7 可知，当前安装的 Scrapy 爬虫框架版本是 1.5.0。图 2.7 中还输出了操作
Scrapy 爬虫框架的相关命令。

提示

    本书的 Python 版本是 3.6.4，操作系统版本是 Windows 64 位的，在本章资
源下载中提供了针对此环境的 whl 文件，读者可将该文件下载到本地后使用命令
"pip install xxx.whl" 离线安装 twisted。

2. 创建并启动 Scrapy 爬虫工程

要想开发 Scrapy 爬虫工程，先须使用 Scrapy 命令创建爬虫工程，此工程是一个半
成品的爬虫项目。在命令行中创建爬虫工程的步骤如下。

（1）创建爬虫工程：scrapy startproject 工程名。

（2）切换到工程根目录。

（3）创建爬虫文件：scrapy genspider 爬虫名起始 URL。

使用命令创建 Scrapy 爬虫工程，如图 2.8 所示。

```
D:\>scrapy startproject example_project
New Scrapy project 'example_project', using template directory 'H:\\Anaconda3_5\
\lib\\site-packages\\scrapy\\templates\\project', created in:
    D:\example_project

You can start your first spider with:
    cd example_project
    scrapy genspider example example.com

D:\>cd example_project

D:\example_project>scrapy genspider example_spider example.com
Created spider 'example_spider' using template 'basic' in module:
  example_project.spiders.example_spider

D:\example_project>
```

图2.8　创建Scrapy爬虫工程

在创建 Scrapy 爬虫工程过程中，startproject 命令是创建爬虫工程的命令，该命令后
面是新创建的工程的名称。命令执行成功后，会在当前文件夹下创建一个同名的工程代
码文件夹。

startproject 命令只是完成工程代码的框架创建，即这个框架中没有可以运行的爬虫
文件，爬虫文件需要用 genspider 命令来创建。genspider 命令运行时必须位于 Scrapy 爬
虫工程的根目录下；genspider 命令后面需要指定创建的爬虫文件名称，以及该爬虫爬取
数据时的起始 URL，起始 URL 会被保存在类变量 start_urls 列表中。命令执行成功后，
会在工程的 spiders 文件夹下创建一个指定的爬虫文件。至此，就完成了最基本的爬虫工
程的创建工作。

爬虫工程创建完成后，可以使用命令来启动该爬虫工程，启动方法是在爬虫工程的
根目录下执行 "scrapy crawl 爬虫名"。

示例 2-1

创建一个 Scrapy 爬虫工程，工程名称命名为 scrapy_example，在工程中创建一个名为 example_spider 的爬虫文件，并指定爬取的起始 URL 为腾讯网首页网址。最后通过命令行启动爬虫。

实现步骤如下。

（1）创建爬虫命令

>>scrapy startproject scrapy_example
>>cd scrapy_example
>>scrapy genspider example_spider …

上述命令最后一行中的"…"即为指定爬取的起始 URL。

（2）启动爬虫

>>scrapy crawl example_spider

按照如上步骤进行操作就可以启动爬虫，但是如果启动爬虫时，如果命令行所在目录不是爬虫工程的根目录，就会出现启动失败的情况，这是初学者常犯的错误。

3. 调试 Scrapy 爬虫工程

Scrapy 爬虫工程与普通的 Python 工程不同，它是通过命令来启动的。使用命令来启动 Scrapy 爬虫工程意味着在开发过程中我们无法在 PyCharm 中直接使用调试功能来给工程设置断点，进行 Debug 调试，这会给开发造成很大的不便。解决这个问题的方法就是在爬虫工程中添加一个启动脚本来代替直接使用命令启动爬虫，然后在 PyCharm 中可以以这个脚本为入口启动爬虫，使设置在爬虫中的断点生效。

使用脚本启动爬虫的方式具体到技术细节上有两种选择：选择使用执行命令行的方式启动爬虫或者使用调用框架 API 的方式启动爬虫。

示例 2-2

在示例 2-1 的基础上，添加爬虫启动脚本，在脚本中使用执行命令行的方式启动爬虫。

实现步骤如下。

（1）在爬虫工程根目录下创建脚本文件 main.py。

（2）在 main.py 文件中，添加执行启动爬虫的命令代码。

（3）在 IDE 环境中，run 或 debug 执行 main.py 文件就可以启动爬虫了。

关键代码如下所示。

from scrapy.cmdline import execute
execute('scrapy crawl example_spider'.split())

在 main.py 中运行了 scrapy.cmdline 模块中的 execute()方法来启动爬虫，在命令行中启动爬虫实际上就是将命令行中的命令传给了这个方法。代码中的 split()方法用于将字符串命令分割成单词列表，这里要注意 execute()方法的参数是列表而不是字符串。

示例 2-3

在示例 2-1 的基础上，添加爬虫启动脚本，在脚本中使用调用框架 API 的方式启动爬虫。

实现步骤如下。

（1）在爬虫工程根目录下创建脚本文件 main.py。

（2）在 main.py 文件中，添加创建 CrawlerProcess()对象，然后调用 crawl()和 start() 启动爬虫。

（3）在 IDE 环境中，run 或 debug 执行 main.py 文件就可以启动爬虫了。

关键代码如下所示。

```
from scrapy_example.spiders.example_spider import ExampleSpiderSpider
from scrapy.crawler import CrawlerProcess
process=CrawlerProcess()
process.crawl(ExampleSpiderSpider)
process.start()
```

这里要注意，本书介绍的两种通过代码启动爬虫的方式所能起到的效果是一样的，其中执行命令的方式更容易理解一些，而通过 CrawlerProcess 启动爬虫的可扩展性更强，但这不是本书的重点，如果读者感兴趣可以去官网查阅相关文档进行学习。本书中脚本的代码均使用第一种方式（执行命令）启动爬虫。

创建并调试
Scrapy 爬虫
工程演示

读者可以扫描二维码观看创建并调试 Scrapy 爬虫工程的演示视频。

任务 2　学习并掌握 Scrapy 爬虫框架各模块的功能

【任务描述】

了解 Scrapy 爬虫工程的组成，并理解各个模块之间是如何协同工作的。

【关键步骤】

（1）了解 Scrapy 爬虫工程的组成。

（2）理解 Scrapy 爬虫框架的架构和数据流。

2.2.1　Scrapy 爬虫工程组成

下面我们来看看通过命令创建的 Scrapy 爬虫工程都包含哪些部分，Scrapy 爬虫工程结构如图 2.9 所示。

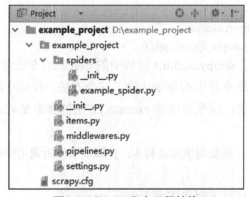

图2.9　Scrapy爬虫工程结构

由图 2.9 可以看出 Scrapy 爬虫工程包括以下几部分：scrapy.cfg 文件、spiders 文件夹、items.py、pipelines.py、middlewares.py 和 settings.py。现在我们来逐个介绍这些文件的作用。

（1）scrapy.cfg 文件

scrapy.cfg 文件是项目的配置文件，在开发爬虫时不需要改动，因此不对其做详细讲解。

（2）spiders 文件夹

使用 genspider 创建的爬虫文件就保存在 spiders 文件夹下，也就是说该文件夹是 Scrapy 爬虫工程的爬虫模块。这里需要注意的是，一个 Scrapy 爬虫工程中可以有多个爬虫文件。这样的设计理念是：在某些场景下，我们需要从多个网站获取数据，为了让代码逻辑清晰，可以设计一个 spider 文件对应一个网站数据爬取，而多个爬虫可以共用工程中的其他模块，以提高代码的复用率和开发效率。

爬虫的爬取逻辑写在爬虫文件中，通过 genspider 命令生成的文件包含了以下的类变量和方法。

name 变量：是一个字符串类型变量，作用是定义爬虫的名字，这个名字在一个爬虫工程中是唯一的，用来标识爬虫。在使用 crawl 命令启动爬虫时，命令后面传入 name 变量的值，可以启动指定的爬虫。

allowed_domains 变量：是一个字符串数组，定义的是爬虫可以爬取的网页地址，当不定义此变量时，爬虫可以爬取所有的网页。

start_urls 变量：是一个字符串列表，爬虫在启动时会以这个列表中的网址为起始点，开始爬取网页数据。

parse()方法：网页内的数据被爬取下来后，该方法默认被调用，针对网页数据的解析就是通过该方法进行的。

 注意

> crawl 命令启动爬虫时，命令后面接的是爬虫 name 属性的值，也就是爬虫的名字，但不能够接爬虫类的类名。这是初学者经常会犯错误的地方。

默认情况下设置了 start_urls 之后，框架会自动以此为起点进行爬取，爬取后的数据默认通过参数的方式传递给 parse()方法进行处理。此类使用方法比较简单，但是有局限，因为某些场景下爬取起始页面需要添加特殊的处理，如爬取起始页面需要登录，需要设置 Cookie 属性。因此 Scrapy 框架允许通过重写 start_requests()方法来自定义对爬虫起始页面的爬取设置。

在 start_requests()方法中，自定义请求的 Request 对象时，可以指定爬虫爬取的起始页面的 URL 和处理爬取数据的回调方法（如果不指定，则爬取的数据默认由 parse()方法处理），并可以附加请求时的 Cookie 或 Headers 等信息。最后使用 yield 关键字将 Request 对象返回，整个爬虫工程就会被启动起来，开始执行爬取任务。

在示例 2-1 的基础上，注释掉 start_urls 类变量，重写 start_requests()方法，自定义
Request 对象，设置爬虫爬取的起始 URL 为腾讯网首页网址。

关键代码如下所示。

```
import scrapy
class ExampleSpiderSpider(scrapy.Spider):
    name='example_spider'
    allowed_domains=['…']
    #start_urls=['…']

    def start_requests(self):
        start_urls=['…']
        for url in self.start_urls:
            yield scrapy.Request(url)

    def parse(self,response):
        print('example_spider parse()')
```

上述代码中的"…"即为爬虫爬取的起始 URL。代码中构造的 Request 对象指定了
HTTP 请求的 URL。如有必要，还可以在构造 Request 对象时通过 Request 的构造方法设
置更多的请求参数。

（3）items.py

爬虫在运行过程中爬取下来的数据有可能需要在各个模块之间传输，因此需要在
items.py 中定义统一的数据格式。同样，在 Scrapy 爬虫工程中可以定义多个不同的 item
类，以应对不同的数据爬取场景。在后面的章节中将会讲解定义 item 的方法和爬虫框架
的存储功能。

（4）pipelines.py

Pipeline 是管道的意思，是框架中的数据处理模块。在这个模块中可以通过代码将
爬虫爬取的数据保存到 MySQL、MongoDB 等主流数据库中，完成数据的持久化工作。
一个工程也可以同时拥有多个 pipeline 类，以应对一次爬取后将数据同时保存到不同的
存储工具中这类情况。在 pipeline 模块中还可以实现爬取数据的过滤、去重等工作，使
爬虫能够完成更加复杂的数据处理工作。

（5）middlewares.py

Middlewares 是中间件的意思，中间件的存在方便了 Scrapy 爬虫框架的功能扩展。
在数据爬取或数据网页下载阶段，根据网站的不同、爬取需求的不同等需要有针对性地
做出处理。这些个性化的功能需求不可能都由框架来完成，但它们又是实实在在存在的，
因此在 Scrapy 爬虫框架中设计了 middlewares 模块，允许用户在一定程度上定制开发自
己的爬虫。在 Scrapy 爬虫框架中 middleware 分为 downloader middleware 和 spider
middleware 两类。Scrapy 爬虫框架内置的 downloader middleware 列表如表 2-1 所示，内
置的 spider middleware 列表如表 2-2 所示。

表 2-1 downloader middleware

中间件	功能
CookiesMiddleware	实现 Cookie 相关的功能
DefaultHeadersMiddleware	指定的默认 request header
DownloadTimeoutMiddleware	指定的 request 下载超时时间
HttpAuthMiddleware	实现 HTTP 认证相关功能
HttpCacheMiddleware	实现缓存相关的功能
HttpCompressionMiddleware	实现压缩（gzip，deflate）数据的支持
HttpProxyMiddleware	该中间件提供了对 request 设置 HTTP 代理的支持
RedirectMiddleware	该中间件根据 response 的状态处理重定向的 request
MetaRefreshMiddleware	该中间件根据 meta-refresh html 标签处理 request 重定向
RetryMiddleware	该中间件将重试可能由于临时的问题导致失败的页面，例如连接超时或者 HTTP 500 错误
RobotsTxtMiddleware	该中间件过滤所有 robots.txt eclusion standard 中禁止的 request
DownloaderStats	保存所有通过的 request、response 及 exception 的中间件
UserAgentMiddleware	用于覆盖 spider 的默认 user agent 的中间件
AjaxCrawlMiddleware	根据 meta-fragment html 标签查找 "AJAX 可爬取" 页面的中间件

表 2-2 spider middleware

中间件	功能
DepthMiddleware	用于追踪每个 Request 在被爬取的网站的深度的中间件。可以用来限制爬取的最大深度
HttpErrorMiddleware	过滤出所有失败（错误）的 HTTP response，因为 spider 不需要处理这些 request
OffsiteMiddleware	过滤出所有 URL 不由该 spider 负责的 Request
RefererMiddleware	根据 Response 对应的 URL，来设置新 Request Referer 字段
UrlLengthMiddleware	过滤出 URL 长度比 URLLENGTH_LIMIT 短的 request

当 Scrapy 爬虫工程启动后，在控制台的日志上可以看到哪些中间件被启用了，如图 2.10 所示。

```
       [scrapy.middleware] INFO: Enabled downloader middlewares:
['scrapy.downloadermiddlewares.robotstxt.RobotsTxtMiddleware',
 'scrapy.downloadermiddlewares.httpauth.HttpAuthMiddleware',
 'scrapy.downloadermiddlewares.downloadtimeout.DownloadTimeoutMiddleware',
 'scrapy.downloadermiddlewares.defaultheaders.DefaultHeadersMiddleware',
 'scrapy.downloadermiddlewares.useragent.UserAgentMiddleware',
 'scrapy.downloadermiddlewares.retry.RetryMiddleware',
 'scrapy.downloadermiddlewares.redirect.MetaRefreshMiddleware',
 'scrapy.downloadermiddlewares.httpcompression.HttpCompressionMiddleware',
 'scrapy.downloadermiddlewares.redirect.RedirectMiddleware',
 'scrapy.downloadermiddlewares.cookies.CookiesMiddleware',
 'scrapy.downloadermiddlewares.httpproxy.HttpProxyMiddleware',
 'scrapy.downloadermiddlewares.stats.DownloaderStats']
       [scrapy.middleware] INFO: Enabled spider middlewares:
['scrapy.spidermiddlewares.httperror.HttpErrorMiddleware',
 'scrapy.spidermiddlewares.offsite.OffsiteMiddleware',
 'scrapy.spidermiddlewares.referer.RefererMiddleware',
 'scrapy.spidermiddlewares.urllength.UrlLengthMiddleware',
 'scrapy.spidermiddlewares.depth.DepthMiddleware']
```

图2.10 爬虫启用的中间件列表

在开发爬虫的过程中可以停用中间件、重写中间件或编写自定义中间件，中间件模块保证了 Scrapy 爬虫框架的灵活性和可扩展性。在后面的章节中会使用其中某些中间件来突破反爬虫网站的限制以达到下载数据的目的。

（6）settings.py

Settings 模块是 Scrapy 爬虫框架中非常重要的模块，承担了设置爬虫行为模式、模块启用等配置功能。下面列举部分在开发中常用的配置。

➢ pipeline 模块的启用以及启用顺序配置。

➢ spider 爬取网页数据时的频率、默认 Headers 等属性配置。

➢ 启用或关闭指定的 spider middleware 配置。

➢ 启用或关闭指定的 downloader middleware 配置。

2.2.2 Scrapy 爬虫框架架构

现在我们知道通过命令创建的 Scrapy 爬虫工程是由爬虫模块、配置模块、中间件模块、数据保存模块、items 模块组成的。但这实际上只是 Scrapy 爬虫框架的冰山一角。下面我们将从更高的视角来介绍 Scrapy 爬虫框架各模块间是如何协作完成爬取工作的，也就是 Scrapy 爬虫框架的架构，如图 2.11 所示。

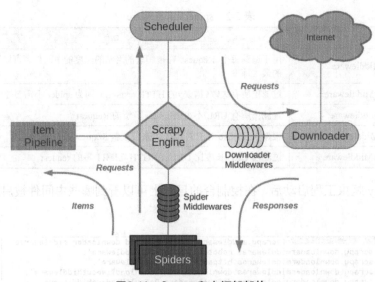

图2.11　Scrapy爬虫框架架构

从图 2.11 中可以看到已经介绍过的模块：Spiders、Items、Pipeline（即图上的 Item Pipeline）、Spider Middlewares、Downloader Middlewares，但这实际上只是 Scrapy 爬虫框架的一部分。从图 2.11 中可以看到整个爬虫框架还包括了 Scrapy Engine、Scheduler、Downloader 等部分。这些框架的组成部分在创建的工程中是不能直接被看到的，下面来介绍这些模块的作用。

（1）Scrapy Engine

Scrapy Engine 是整个框架的核心，也被称为引擎。引擎负责控制数据流在系统中所有组件间流动，并在相应动作发生时触发事件。

（2）Scheduler

Scheduler 是调度器，它从引擎接受 Request 并将它们放入一个网络请求队列，以便在引擎请求时提供给引擎。爬虫的网络请求在被创建后都会由 Scheduler 进行调度，比如多个请求间应该间隔多长时间，哪个请求在前，哪个请求在后。在 Setting 模块中配置的一部分爬虫的行为模式就是在 Scheduler 中生效的。

（3）Downloader

Downloader 则是实际 HTTP 请求的真正执行者，完成网络请求工作。它负责获取页面数据并提供给引擎，而后再提供给 spider。

Scrapy 爬虫框架启动后的执行顺序及数据的流动过程在不考虑细节的情况下，可以总结为以下 7 个步骤。

① 命令行启动爬虫后，Scrapy Engine 开始工作。

② Scrapy Engine 调用 Spider 中的方法，在 spider 中请求第一个要爬取的 URL（默认该 URL 就是在 start_urls 列表中的 URL）并构造包含爬取目标网页 URL 的 Request 对象。

③ Spider 中将构造的 Request 作为方法的返回值返回给 Scrapy Engine，在此过程中 Request 会经过 Spider Middlewares 的加工。

④ Scrapy Engine 把经过 Spider Middlewares 加工的 Request 转发给 Scheduler。

⑤ Scheduler 会在合适的时机，将 Request 通过 Scrapy Engine 转发给 Downloader，在此过程中 Request 又被 Downloader Middlewares 再次处理加工。

⑥ Downloader 负责下载网页数据，然后将返回的数据以 Response 对象的形式通过 Scrapy Engine 传给 Spider，在此过程中如有必要，Response 对象会经过 Downloader Middlewares 的加工处理。默认情况下是 spider 中的 parse() 方法被调用，此时就可以执行数据解析逻辑，提取网页中的目标数据了。

⑦ 在 parse() 方法中提取的数据会被构造成 item 的形式，并以返回值的形式传递给 Scrapy Engine，然后再被转发给 pipeline 模块进行数据保存。

这是爬虫爬取网页数据的完整流程，而在第⑥步的 parse() 方法中不断提取新的 URL，并将其构造成 Request 对象的形式传给 Scrapy Engine，就可以实现爬虫不断爬取网站页面的效果。读者还可以通过扫描二维码观看 Scrapy 爬虫框架架构的讲解视频。

Scrapy 爬虫框架架构讲解

爬虫爬取网页数据的流程讲解中涉及很多大家还没有接触过的知识，有的地方理解起来难免有一定困难，在此不必纠结于细节，重点是要弄清楚数据在 Scrapy 爬虫框架中传递的流程。Scrapy Engine 作为整个爬虫框架的核心，能够起到组织协调的功能。在后面的章节中会对各个模块进行详细地讲解和练习，建议读者在后面的学习过程中经常回顾图 2.11，这有助于大家更好地掌握 Scrapy 爬虫框架的使用。

注意

　　通过本章内容的学习，我们能发现 parse() 方法可以将 item 对象作为返回值，也可以将 Request 对象作为返回值。这属于 Python 开发中的一种技巧，由于 Python 语法对方法的返回值类型并没有强制要求，因此一个方法可以有多种类型的返回值。而 Scrapy Engine 会根据返回值类型的不同选择与之相对应的处理方式。如果返回值类型是 item，则由数据保存模块处理；如果返回值类型是 Request，则由 Scheduler 模块处理。

本章小结

➤　通过本章的学习，读者应了解框架的概念和意义，框架技术在当前的 IT 行业中被大量使用。

➤　本章介绍两种基于 Python 语言的爬虫框架——PySpider 爬虫框架和 Scrapy 爬虫框架，它们都是非常优秀的爬虫框架，本书选择 Scrapy 爬虫框架的原因是其具有跨平台性（同时支持 Windows 和 Linux 操作系统）和丰富的扩展性（通过扩展可以变成分布式爬虫，支持大规模数据爬取）。

➤　创建 Scrapy 爬虫工程需要熟练使用命令行工具。

➤　Scrapy 爬虫工程默认情况下需要在命令行中进行启动，这给调试爬虫工程造成了困难，开发人员可以通过添加启动脚本的方式实现 Scrapy 爬虫工程的调试。

➤　Scrapy 爬虫工程由多个模块组成，不同模块负责了不同的功能。Scrapy Engine 作为核心将所有模块组织在一起，起到了协调调度的作用。读者需要通过实践来不断加深对 Scrapy 爬虫框架架构的理解。

本章作业

一、简答题

1. 简述 Scrapy 和 PySpider 两种爬虫框架的特点。

2. 简述创建 Scrapy 爬虫工程、创建爬虫和启动爬虫的命令。

3. 简述 Scrapy 爬虫工程的各个模块及其功能。

二、编码题

1. 安装 Scrapy 爬虫框架，并通过命令行创建名为 scrapy_homework 的 Scrapy 爬虫工程，在工程中创建一个名为 homework_spider 的爬虫，爬虫的 start_urls 设置为搜狐官方网站地址。

2. 在 homework_spider 的 parse() 方法中打印字符串"爬虫启动成功！"，并通过命令行启动爬虫，验证字符串是否在控制台上输出。

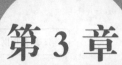

第 3 章

提取网页数据

技能目标

➢ 掌握在 Scrapy 爬虫框架中使用 xpath 提取网页数据的方法。

➢ 掌握在 Scrapy 爬虫框架中使用 css 提取网页数据的方法。

➢ 掌握使用正则表达式提取数据的方法。

本章任务

任务 1：使用 Scrapy 的选择器提取豆瓣电影信息。

任务 2：使用正则表达式从电影介绍详情中提取指定信息。

本章资源下载

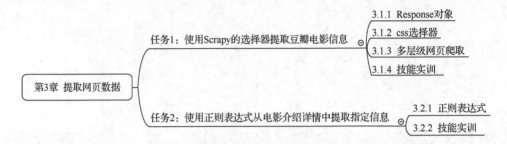

使用 Scrapy 爬虫框架的目的是更高效地从目标网站中爬取网页信息。在第 1 章中已经讲解了如何使用第三方库实现目标网页下载和网页数据提取。本章将介绍如何利用 Scrapy 爬虫工程提取网页中的数据，以及编写爬取逻辑的方法和技巧。

任务 1　使用 Scrapy 的选择器提取豆瓣电影信息

【任务描述】

从豆瓣电影 Top250 网站上爬取所有的电影摘要，进入每个电影介绍的详情页面爬取电影的剧情简介，并在控制台中输出这些数据。

【关键步骤】

（1）创建 Scrapy 爬虫工程。

（2）爬取豆瓣电影 Top250 列表并实现翻页功能。

（3）从列表中提取电影的名称和摘要信息。

（4）从列表中提取电影详情页面 URL 并爬取详情页面中电影的剧情简介。

（5）在控制台输出电影名称、摘要和剧情简介。

3.1.1　Response 对象

1. Response 对象的属性和方法

在第 2 章中我们已经学习了创建 Scrapy 爬虫框架的方法，并且学习了如何重写 Spider 文件中的 start_requests()和 parse()方法以实现数据爬取。启动爬虫后，Scrapy Engine 从 start_urls 中获取 URL，并由 Downloader 模块下载网页。当完成网页下载后，下载的结果会再转回到 Spider 中的 parse(self,response)方法中来处理。方法中的 response 参数包含了网页的下载结果，它的类型是 Response 类。Response 类的常用属性和方法介绍如表 3-1 所示。

表 3-1　Response 类的常用属性和方法

属性或方法	说明
url	当前返回的页面对应的 URL
status	HTTP 请求状态码
meta	用于在请求对象 request 与响应对象 response 之间传递数据

属性或方法	说明
body	HTTP 请求的返回数据（HTML 源码或 JSON），在使用正则表达式匹配数据时需要通过这个属性获取页面的 HTML 源码
xpath()	使用 xpath()选择器解析网页
css()	使用 css 选择器解析网页

从表 3-1 中可以看出 Response 类中包含了很多信息。这里简单地介绍各个属性和方法存在的意义。

（1）url 属性

Scrapy 爬虫框架并不在同一个方法中构造请求与处理对应的响应（爬虫入口页面的请求是在 start_requests()方法中构造的，对应的响应是在 parse()方法中处理的），因此在 parse()方法中无法获得 Request 对象。页面源码对应的 URL 需要通过 Response 的 url 属性获取。

（2）status 属性

Scrapy 爬虫框架由 HttpErrorMiddleware 中间件负责过滤返回值在 200～300 以外的请求，在解析 Response 方法时，我们可以通过 status 属性来获取当前响应数据对应的网络请求状态码。

（3）meta 属性

meta 的数据类型是字典（dict），它的作用是在请求对象 Request 与响应对象 Response 之间传递数据。meta 属性存在的原因是，在某些场景下数据爬取不是一次就能够完成的。比如在爬取淘宝商品时，首先在列表页面爬取商品的标题和价格并获得商品详情页面的 URL，然后使用该 URL 再次爬取商品详情页面从而获取商品的详细描述。两次爬取结果结合在一起才是需要获得的全部内容。这个需求在 Scrapy 爬虫框架中通过 meta 来实现。在本章的案例中会详细介绍如何通过 meta 属性传递数据。

（4）body 属性

Scrapy 爬虫框架提供了自己的 HTML 解析工具，xpath 选择器和 css 选择器可以高效地从 HTML 网页中定位并获取目标数据。但是在使用爬虫时，爬取下来的数据格式并不一定都是 HTML。如果网站使用了前后端分离技术，则从数据接口爬取下来的数据格式是 JSON，而 Respone 类中又没有处理 JSON 格式的方法。此时，我们可以通过 body 属性获取原始数据，然后使用第三方的库解析 JSON 数据。

（5）xpath 和 css

Scrapy 爬虫框架提供了非常强大的选择器用于 HTML 页面的数据解析和提取。本章会详细讲解如何使用 xpath 和 css 选择器从网页中提取目标数据。

2．xpath 选择器

在第 1 章中我们使用 lxml 库完成了对网页数据的提取，了解到通过 xpath 可以快速地定位网页中的目标数据并完成提取。Scrapy 爬虫框架中也支持利用 xpath 选择器提取网页数据，并且将选择器的接口整合到了 Response 类中。xpath 选择器是基于 lxml 库开发的，在语法上与使用 lxml 库一样，因此在本章不再介绍 xpath 表达式语法（xpath 表达式语法可参考第 1 章），但是要注意在使用的细节上略有不同。

使用 lxml 定位网页元素时，无须其他操作即可通过返回值获得对应的数据。但是在 Scrapy 爬虫框架中使用 xpath 表达式定位网页元素后，方法返回值的对象类型是 Selector。要想从 Selector 中获取真正的目标数据，还须调用 extract()方法以提取数据。

在使用 extract()方法从 Selector 中提取数据时需要注意以下 3 点内容。

➢ 使用 xpath 表达式定位网页元素后，调用 extract()方法提取数据，获得的返回值类型是列表。因为在使用 xpath 表达式定位网页元素时，可能会存在多个符合定位条件的元素。即便只有一个元素符合 xpath 表达式的定位条件，extract()方法也会返回一个只包含一个元素的列表。因此在调用 extract()方法之后还要通过列表索引获得指定的数据。

➢ 使用 xpath 表达式定位网页元素时，可能会因为没有找到符合条件的数据而定位失败。此时调用 extract()方法会获得一个空的列表，对一个空的列表进行索引会引发程序异常。

➢ 如果编写 xpath 表达式时就能够确定网页中只有一个元素匹配或第一个匹配的元素就是目标元素，则可以使用 extract_first()方法提取数据。extract_first()方法会完成提取列表中第一个数据的操作，并且当 xpath 表达式定位失败时执行 extract_first()方法也不会导致程序异常，而是会返回 none 以表示无法获取有效数据。

示例 3-1

从豆瓣电影 Top250 网站爬取第 1 页电影信息，使用 xpath 表达式提取电影的名称并输出到控制台上。

分析如下。

➢ 在爬虫文件中，构造 xpath 表达式以提取网页中的电影名称。

➢ 使用 xpath 表达式定位电影名称后，再调用 extract()方法提取目标数据，并通过 for 循环输出所有列表中的电影名称。

关键代码如下所示。

```
class DoubanSpider(scrapy.Spider):
    name='douban'
    start_urls=['…']
    def parse(self,response):
        titles=response.xpath('//ol[@class="grid_view"]//div[@class="hd"]/a/span[1]/text()').extract()
        for title in titles:
            print(title)
```

上述代码中 "…" 为豆瓣电影 Top250 网站地址。

输出结果如图 3.1 所示。

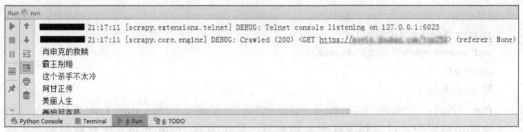

图3.1　输出电影Top250网站第1页电影名称

3. 直接使用 Selector

若想使用 Scrapy 的选择器，可以通过 Response 的方法调用，也可以独立使用。使用的方法是直接使用 HTML 代码构造 Selector 选择器对象，即可调用 xpath()方法使用 xpath 选择器提取 HTML 中的指定数据。构造 Selector 对象时使用关键字参数 text 传入 HTML 代码。

示例 3-2

使用 Scrapy 爬虫框架的 xpath 选择器从以下 HTML 中提取全部标签中的文本信息，并输出到控制台上。

HTML 源码如下。

```
<html>
    <head>
        <title>Hello World</title>
    </head>
    <body>
        <div>
            <p>Selector Test</p>
        </div>
    <body>
</html>
```

分析如下。

➢　直接构造 Selector，使用 xpath 选择器提取文本信息。

关键代码如下。

```
from scrapy import Selector
body="""
<html>
    <head>
        <title>Hello World</title>
    </head>
    <body>
        <div>
            <p>Selector Test</p>
        </div>
    <body>
</html>
```

```
"""
selector=Selector(text=body)
text=selector.xpath("//text()").extract()
print(text)
```

输出结果如下。

['\n   ','\n   ','Hello World','\n   ','\n   ','\n   ','\n   ','Selector Test','\n   ','\n \n']

从输出结果中可以看到很多的\n 和空格，这是因为 xpath 表达式中获取的是全部的标签文本，所以一些用于格式化代码的回车和空格也显示出来了。如果读者感兴趣，可以尝试使用 Python 的字符串处理方法将这些回车和空格去掉。

3.1.2　css 选择器

css 选择器与 xpath 选择器都能够实现网页元素的定位，事实上在 Scrapy 爬虫框架中使用 css 选择器的底层是由 xpath 选择器实现的。如果使用者从事过 Web 前端页面的开发工作，可能对 css 选择器会更加熟悉一些。对于 css 选择器和 xpath 选择器，读者只须熟练掌握其中一种并了解另一种即可。

使用 css 选择器直接调用 response 的 css()方法即可，css 选择器通过 css 表达式来定位网页中的信息，css 表达式和 css 属性过滤的说明如表 3-2 和表 3-3 所示。

表 3-2　css 表达式

表达式	说明
*	选取所有节点
#container	选择 id 为 container 的节点
.container	选取所有 class 包含 container 的节点
li a	选取所有 li 标签下的所有 a 标签节点
ul+p	选择 ul 标签后面的第一个 p 标签
div#container>ul	选择 id 为 container 的 div 标签下的第一个 ul 标签子元素
ul~p	选取与 ul 标签相邻的所有 p 标签
a::text	获取 a 标签的文本信息
a::attr(href)	获取 a 标签的 href 属性值

表 3-3　css 属性过滤

表达式	说明
a[title]	选取所有包含 title 属性的 a 标签
a[href="http://…"]	选取所有 href 属性值为 http://…的 a 标签
a[href*="qq"]	选取所有 href 属性值中包含 qq 的 a 标签
a[href^="http"]	选取所有 href 属性值中以 http 开头的 a 标签

表达式	说明
a[href$=".jpg"]	选取所有 href 属性值中以 .jpg 结尾的 a 标签
div:not(#container)	选取所有 id 属性值不是 container 的 div 标签
li:nth-child(3)	选取第 3 个 li 标签
tr:nth-child(2n)	选取下标为偶数的 tr 标签

在 xpath 表达式中通过 // 或 / 表达层级关系，在 css 表达式中使用空格表达标签间的层级关系。

示例 3-3

从豆瓣电影 Top250 网站爬取第 1 页电影信息，使用 css 提取电影的名称并输出到控制台上。

分析如下。

➢ 构造 css 表达式提取网页中的电影名称。

➢ 使用 css 定位电影名称后，使用 extract() 方法提取目标数据，并通过 for 循环输出所有列表中的电影名称。

关键代码如下。

```
class DoubanSpider(scrapy.Spider):
    name='douban'
    start_urls=['…']
    def parse(self,response):
        titles=response.css('ol.grid_view div.hd a span:nth-child(1)::text').extract()
        for title in titles:
            print(title)
```

上述代码中的 "…" 为豆瓣电影 Top250 网站地址。同理，下文代码中若出现 "…"，其多指对应正文中所提网址。

输出结果与示例 3-1 的输出结果一样。我们将示例 3-1 中的 xpath 表达式和示例 3-3 中的 css 表达式放到一起进行对比。

➢ 获取豆瓣 250 列表页中电影名称 xpath 表达式：

//ol[@class="grid_view"]//div[@class="hd"]/a/span[1]/text()

➢ 获取豆瓣 250 列表页中电影名称 css 表达式：

ol.grid_view div.hd a span:nth-child(1)::text

通过对比可以找出两者的一一对应关系，如表 3-4 所示。

表 3-4　xpath 表达式与 css 表达式对比

xpath 表达式	css 表达式	说明
ol[@class="grid_view"]	ol.grid_view	class 属性值为 grid_view 的 ol 标签
div[@class="hd"]	div.hd	class 属性值为 hd 的 div 标签
a/span[1]/text()	a span:nth-child(1)::text	a 标签下的第 1 个 span 标签下的文本

xpath 表达式与 css 表达式没有优劣之分，读者熟练掌握其中的任意一种都可以完成网页元素的定位。本书中的示例、技能实训和项目中均使用 xpath 表达式完成数据定位。

3.1.3 多层级网页爬取

爬取网站数据时我们不但需要爬虫能够爬取设置在 start_urls 属性中的 URL 页面，而且还要让爬虫实现自我驱动，从而能够按照设定好的程序逻辑将所有符合条件的网页数据都爬取下来。对此，在使用第三方库开发爬虫时需要通过循环等流程控制语句来实现。而在 Scrapy 爬虫框架中我们将以更加优雅、更简便的方式来实现多层级页面的爬取。

1. 相同结构页面爬取

在示例 3-1 中爬取豆瓣电影 Top250 的列表页面时，网站不会将 250 个电影的列表信息都显示在一个页面里，而是会采用分页的方式将电影列表信息分割成多个页面，如图 3.2 所示。这样做可以加快页面的响应速度以提高用户体验，事实上分页是大部分需要显示大量信息的网站普遍采用的一种展现方式。

图3.2　豆瓣电影Top250分页

当爬虫爬取当页的电影列表数据后，要实现爬取更多列表信息就需要翻到下一页。此时在编写爬虫逻辑时有两种选择：第一，分析页面代码，结合当前页码提取下一页的网页 URL，相当于在首页时点击图 3.2 中的"2"实现页面跳转；第二，获取"后页>"的 URL 也就获得了下一页的 URL，相当于点击图中"后页>"实现页面跳转。这两种选择都可以获取下一页的 URL，但显然第二种选择更加通用简单一些，因为不管当前页面是第几页都可以通过相同的代码获取下一页面的 URL。

在获取了下一页面的 URL 后，在 parse()方法中使用该 URL 构造 Request 对象，然后通过 yield 关键字将 Request 对象作为方法的返回值返回。Request 对象随后会被 Scrapy Engine 获得并转发给 Scheduler 模块进行调度，由 Downloader 模块下载网页代码，最后再传给 parse()方法以完成新页面的解析。

示例 3-4

从豆瓣电影 Top250 网站爬取全部上榜的电影信息，并将电影名称输出到控制台上。分析如下。

➢ 通过"后页>"获取下一页面的 URL。

➢ 从"后页>"中获取的 URL 是一个相对路径的 URL，需要自己将 URL 补全才能够使用。

➢ 在 parse()方法中使用补全后的 URL 构造 Request 对象，并使用 yield 方法将 Request 对象作为方法的返回值返回。

➢ 添加判断逻辑，处理页面翻到最后一页时的情况。

➢ 豆瓣网是有访问频率限制的，如果爬虫爬取的频率太高就会导致网站对其 ip 屏蔽，因此需要在 settings.py 中添加代码限制爬虫频率。

关键代码如下所示。

settings.py 文件

```
#设置每次爬取的间隔为 1s
DOWNLOAD_DELAY=1
```

douban.py 文件

```
class DoubanSpider(scrapy.Spider):
    name='douban'
    start_urls=['…']
    def parse(self,response):
        title=response.xpath('//ol[@class="grid_view"]//div[@class="hd"]/a/span[1]/text()').extract()
        next_page=response.xpath('//span[@class="next"]/a/@href').extract_first()
        base_url='https://movie.douban.com/top250'
        print(title)
        #在最后一页获取 next_page 的 URL 会获得 none，以此来判断是否已经翻到最后一页
        if next_page:
            #使用下一页的 URL 构造 Request 对象，并使用 yield 方法返回
            yield scrapy.Request(url=base_url+next_page)
```

输出结果如图 3.3 所示。

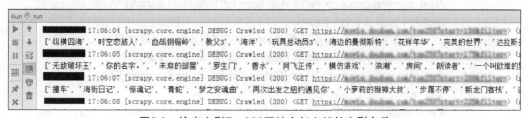

图3.3 输出电影Top250网站全部上榜的电影名称

在示例 3-4 的代码中，下一页面的 URL 是需要补全后才能使用的。在不同的网站中，有的网站给出的是完整的路径，有的网站给出的是相对路径，在开发爬虫时需要注意网站的实现方式。当涉及翻页操作时一定要做好针对意外情况的处理，否则就可能会出现异常。如果同一 ip 短时间内大量访问网站，网站会启动防御机制屏蔽该 ip，对其请求不再响应。因此，为了降低爬虫被屏蔽的概率，可以适当降低访问网站的频率，最基础的方法是在 settings.py 中配置 DOWNLOAD_DELAY 参数，设置爬虫向网站发出请求的时间间隔，在本章示例中我们设置间隔为 1s。在后面的章节中我们会更加详细地介绍网站反爬虫的手段和爬虫反反爬的方法。

2. 不同结构网页爬取

在示例 3-4 中已经实现了爬取豆瓣电影 Top250 中全部电影名称，但是在列表页面无法获取电影的全部信息。如果还希望获得电影的剧情简介，就需要爬虫进入电影详情页面并从详情页面中提取电影的剧情简介信息。

详情页面的 URL 可以从列表页面中获取，但是详情页面与列表页面的页面结构不同，所要获取的数据也不同，这时用来处理列表页面的 parse() 方法并不能用来提取详情页面中的数据，因此，需要指定新的方法来处理详情页面中的信息。实现方法很简单，就是在构造 Request 对象时添加 callback 参数以指定当前 Request 下载结果的处理方法。默认情况下，如果不设置该参数，Request 下载数据就会交由 parse() 方法处理。

示例 3-5

从豆瓣电影 Top250 网站爬取全部上榜的电影信息，并将电影的剧情简介输出到控制台上。

分析如下。

➤ 从列表页面中爬取每个电影的详情页面 URL。

➤ 使用电影详情页面的 URL 构造 Request 对象并指定该 Request 请求的数据由 detail_parse() 方法处理。

➤ 在 detail_parse() 方法中编写处理逻辑，提取电影的剧情简介。

关键代码如下所示。

```
class DoubanSpider(scrapy.Spider):
    name='douban'
    start_urls=['…']
    def parse(self,response):
        detail_pages=response.xpath('//div[@class="hd"]/a/@href').extract()
        for detail_page in detail_pages:
            #构造爬取 detail_page 的 Request，并指定由 parse_detail 处理
            yield scrapy.Request(detail_page,callback=self.parse_detail)
        next_page=response.xpath('//span[@class="next"]/a/@href').extract_first()
        base_url='…'
        if next_page:
            yield scrapy.Request(url=base_url+next_page,callback=self.parse)
```

```
    def parse_detail(self,response):
        #获得字符串列表 contents
        contents=response.xpath('//*[@id="link-report"]//text()').extract()
        #遍历列表中的字符串，并对每个字符串调用 strip()方法，去除空格，生成新的列表
        contents=[content.strip()for content in contents]
        #将列表拼接成一个字符串
        content="".join(contents)
        print(content)
```

输出结果如图 3.4 所示。

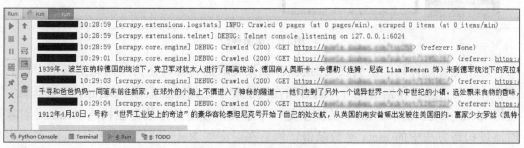

图3.4　输出电影的剧情简介

> **注意**
>
> 在 Request 构造方法中给 callback 参数赋值时，实际上是将方法的引用赋值给它。对象方法的应用表达方式是"self.方法名"，方法名后面不要接小括号。

在示例 3-5 代码中通过 xpath 表达式可以获取字符串列表 contents，但是列表字符串中存在大量的无效空格。这些空格在网页上是不会显示的，如果输出到控制台就会非常影响显示效果，所以在将列表转换成字符串之前，需要先对列表中的每个字符串调用 strip()方法，去掉字符串前后的空格。代码中使用[content.strip()for content in contents]表示遍历 contents 列表并对列表中的每个元素调用 strip()方法，最后由处理后的字符串生成新的列表，这句代码的运行效果和以下代码相同。

```
new_contents=[]
for content in contents:
    new_contents.append(content.strip())
contents=new_contents
```

获得去除空格后的字符串列表后，还需要将字符串列表转换成一个完整的字符串。示例 3-5 中使用的方法是调用字符串的"".join()方法，""中是拼接列表中字符串使用的间隔符号，因为不需要设置其他的间隔符，所以这里直接使用空字符串即可。

3．request 与对应的 response 间传递数据

在示例 3-1 中从列表页面获取了上榜电影的名字，在示例 3-5 中从电影详情界面获取了电影的剧情简介。如果爬取的需求是同时获取电影的名字和剧情简介，就可以选择在详情界面爬取电影名字和剧情简介，而列表页面仅作为获取电影详情页面

URL 的入口。可是如果需求改为还要获取如图 3.5 所示的一句话电影评价，又该如何爬取呢？

图3.5　电影评价

这个电影短评只能从列表页面获取，如果爬取的目标设定为从网站上获取电影的名字、一句话影评和剧情简介，就必须在两次爬取之间建立联系。Scrapy 爬虫框架中使用 meta 实现该需求。meta 的实质是一个字典，使用的方法是在构造 Request 对象时通过构造方法中的 meta 参数赋值，然后在对应的 Response 对象获得 meta 属性中保存的数据。

示例 3-6

从豆瓣电影 Top250 网站爬取全部上榜的电影信息，并将电影的名字、一句话影评和剧情简介输出到控制台上。

分析如下。

➤ 使用 parse()方法从列表页面中爬取电影的名字和一句话影评。

➤ 构造爬取电影详情页面的 Request 对象时，通过 meta 参数传递电影的名字和影评数据。

➤ 使用 detail_parse()方法从 Response 对象中获取 meta 保存的电影名字和影评，并从电影详情页面中获取剧情简介，最后将电影的名字、一句话影评和剧情简介输出到控制台上。

关键代码如下所示。

```
class DoubanSpider(scrapy.Spider):
    name='douban'
    start_urls=['…']
    def parse(self,response):
        detail_pages=response.xpath('//div[@class="hd"]/a/@href').extract()
        titles=response.xpath('//ol[@class="grid_view"]//div[@class="hd"]/a/span[1]/text()').extract()
        brief_comments=response.xpath("//p[@class='quote']/span/text()").extract()
        for index in range(len(titles)):
            detail_page=detail_pages[index]
            title=titles[index]
            brief_comment=brief_comments[index]
            #构造爬取 detail_page 的 Request，并指定由 parse_detail 处理
            #通过 meta 传递电影的名字和短评
```

```
        yield  scrapy.Request(detail_page,callback=self.parse_detail,meta={"title":title,"brief_
        comment":brief_comment})
    next_page=response.xpath('//span[@class="next"]/a/@href').extract_first()
    base_url='…'
    if next_page:
        yield scrapy.Request(url=base_url+next_page,callback=self.parse)
def parse_detail(self,response):
    #获取 response 对象中的 meta 字典
    meta=response.meta
    #获得字符串列表 contents
    contents=response.xpath('//*[@id="link-report"]//text()').extract()
    #遍历列表中的字符串，并对每个字符串调用 strip()方法，去除空格，生成新的列表
    contents=[content.strip()for content in contents]
    #将列表拼接成一个字符串
    content="".join(contents)
    print(meta["title"])
    print(meta["brief_comment"])
    print(content)
```

输出结果如图 3.6 所示。

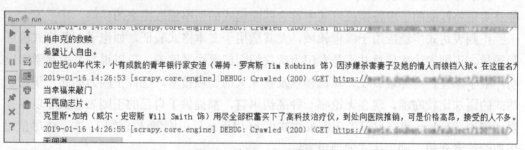

图3.6　使用meta传递数据

meta 提供了一个非常有效的在 Request 与 Response 之间传递数据的解决方案，在完成相对复杂的爬取需求方面应用十分广泛。读者可以通过扫描二维码观看多层级网页爬取的视频讲解。

多层级网页爬取视频讲解

3.1.4　技能实训

使用 Scrapy 爬虫框架从火车信息网站爬取北京到上海的全部火车信息，包括车次、二等座票价、所有停靠站的站点信息，并将爬取的信息输出到控制台上。

分析如下。

➢　从北京到上海的火车列表页面获取车次、二等座票价和列车详情界面的 URL。

➢　使用 meta 传递车次、二等座票价信息。

➢　从列车详情界面获取全部停靠站的站点信息。

任务 2 使用正则表达式从电影介绍详情中提取指定信息

【任务描述】

豆瓣电影 Top250 的详情页面中有剧情简介信息，简介信息中有部分内容是写在括号中的，请使用正则表达式将剧情简介中带括号的内容提取出来，并将电影名和简介中带括号的内容输出到控制台上。

【关键步骤】

（1）在电影列表页面爬取电影名。

（2）在电影详情页面爬取剧情简介。

（3）使用正则表达式从剧情简介中提取所有带括号的内容。

3.2.1 正则表达式

1. 正则表达式介绍

正则表达式（Regular Expression）是一种用来实现检索、替换文本的工具。它描述了一种字符串匹配的模式（pattern），可以用来检查一个字符串是否含有某种字串，并且能够实现将匹配的子串替换或将其中符合匹配模式的子串提取出来的功能。

正则表达式广泛应用于编程领域，尤其适用于文本格式验证，如电子邮箱格式验证等场景。正则表达式最早并不是专门为解决编程问题而发明的，可以说它是由科学家发明，数学家完善，并最后在计算机领域发扬光大的一项技术。也许正因为如此，正则表达式的语法比较晦涩。现在无论哪一种高级语言，都提供了自己的正则表达式库以供开发者使用，Python 也有自己的正则表达式库 re 用于执行正则表达式语句。本章将尽量通俗地给读者介绍正则表达式的使用方法。

在爬虫开发中，正则表达式是重要的从网页中提取目标数据的手段之一。事实上所有 xpath 选择器、css 选择器能够实现的功能都可以用正则表达式来实现。正则表达式更强的体现是，不同于 xpath 选择器只能根据 HTML 标签来提取网页中的数据，它不受标签的限制，可以从任意结构的文本中提取符合要求的数据。

2. 正则表达式的使用方法

Python 中内置了 re 正则表达式模块，常用方法如表 3-5 所示。

表 3-5   re 模块常用方法

方法	说明
compile()	用于编译正则表达式，生成一个正则表达式（Pattern）对象
match()	查看字符串的开头是否符合匹配模式，如果匹配失败，则返回 none
search()	扫描整个字符串并返回第一个成功的匹配
findall()	在字符串中找到正则表达式所匹配的所有字符串，并返回一个列表；如果没有找到匹配的，则返回空列表

在使用正则表达式前，先使用 complie()方法编译正则表达式字符串以生成对象 pattern，然后以 pattern 为参数调用合适的方法操作字符串。正则表达式可以实现精准匹配，下面的示例以字符串的精准匹配为例演示 re 模块中各个方法的使用效果。

示例 3-7

使用 re 模块实现字符串的精准匹配，在代码中定义如下变量。

➢ 定义匹配目标字符串 orignal_str 为"正则表达式(regular expression)描述了一种字符串匹配的模式（pattern）"。

➢ 定义正则表达式 pattern_str_1 为"正"。

➢ 定义正则表达式 pattern_str_2 为"式"。

➢ 定义正则表达式 pattern_str_3 为"腾"。

使用 re 模块完成以下操作。

➢ 检验 orignal_str 是否以 pattern_str_1 开头。

➢ 检验 orignal_str 是否以 pattern_str_2 开头。

➢ 检验在 orignal_str 中是否存在 pattern_str_2 子串。

➢ 检验在 orignal_str 中是否存在 pattern_str_3 子串。

➢ 获得 orignal_str 中所有匹配 pattern_str_2 子串的字符串。

➢ 获得 orignal_str 中所有匹配 pattern_str_3 子串的字符串。

关键代码如下所示。

```
import re
orignal_str="正则表达式(regular expression)描述了一种字符串匹配的模式（pattern）"
pattern_str_1="正"
pattern_str_2="式"
pattern_str_3="腾"
pattern_1=re.compile(pattern_str_1)
pattern_2=re.compile(pattern_str_2)
pattern_3=re.compile(pattern_str_3)
#match 匹配成功
print("pattern_str_1","match()","orignal_str 的结果:",re.match(pattern_1,orignal_str))
#match 匹配失败
print("pattern_str_2","match()","orignal_str 的结果:",re.match(pattern_2,orignal_str))
#search 匹配成功
print("pattern_str_2","search()","orignal_str 的结果:",re.search(pattern_2,orignal_str))
#search 匹配失败
print("pattern_str_3","search()","orignal_str 的结果:",re.search(pattern_3,orignal_str))
#findall 匹配成功
print("pattern_str_2","findall()","orignal_str 的结果:",re.findall(pattern_2,orignal_str))
#findall 匹配失败
print("pattern_str_3","findall()","orignal_str 的结果:",re.findall(pattern_3,orignal_str))
```

输出结果如下。

pattern_str_1 match()orignal_str 的结果:<_sre.SRE_Match object; span=(0,1),match='正'>

pattern_str_2 match()orignal_str 的结果:None

pattern_str_2 search()orignal_str 的结果:<_sre.SRE_Match object; span=(4,5),match='式'>

pattern_str_3 search()orignal_str 的结果:None

pattern_str_2 findall()orignal_str 的结果:['式','式']

pattern_str_3 findall()orignal_str 的结果:[]

从输出结果中可以获知 match()方法、search()方法、findall()方法在正则表达式匹配成功和失败后的返回值。示例 3-7 中的正则表达式用于实现指定字符串的精准匹配，但这并不能完全体现正则表达式的功能，正则表达式最大的功能是利用符号描述字符串的匹配模式。正则表达式中用到了大量的符号，限于篇幅，只介绍部分常用的符号，如表 3-6 所示。

表 3-6　正则表达式符号

符号	描述
^	匹配字符串的开头
$	匹配字符串的末尾
.	匹配任意字符，除了换行符，当 re.DOTALL 标记被指定时，则可以匹配包括换行符的任意字符
\w	匹配字母数字及下划线
\W	匹配非字母数字及下划线
\s	匹配任意空白字符，等价于[\t\n\r\f]
\S	匹配任意非空字符
\d	匹配任意数字，等价于[0-9]
\D	匹配任意非数字
[...]	用来表示一组字符，单独列出：[amk]匹配'a'、'm'或'k'
[^...]	不在[]中的字符：[^abc]匹配除了 a、b、c 之外的字符
re*	匹配 0 个或多个的表达式
re+	匹配 1 个或多个的表达式
re?	匹配 0 个或 1 个由前面的正则表达式定义的片段，非贪婪方式
re{n}	精确匹配 n 个前面表达式，例如，o{2}不能匹配"Bob"中的"o"，但是能匹配"food"中的两个 o
re{n,}	匹配 n 个前面表达式，例如，o{2,}不能匹配"Bob"中的"o"，但能匹配"foooood"中的所有 o；"o{1,}"等价于"o+"，"o{0,}"则等价于"o*"
re{n,m}	匹配 n 到 m 次由前面的正则表达式定义的片段，贪婪方式

正则表达式就是根据实际的需求由表 3-6 中一个或多个符号排列、嵌套组合而成。

（1）匹配英文单词的正则表达式

[a-zA-Z]+

英文单词由任意多个大小写共存的 26 个英文字母排列组合而成。a—z 代表所有的小写字母，A—Z 代表所有的大写字母，使用[a-zA-Z]表示匹配所有的小写和大写字符，最后使用+表示匹配 1 个或多个英文字符，也就是单词。

（2）匹配 E-mail 地址的正则表达式

[\w-]+@[\w-]+\.[\w-]+[\.[\w-]+]*

E-mail 的格式为：登录名@主机名.域名。登录名可以由任意多个英文字母、数字、下划线和中线组成，因此用[\w-]+匹配；然后要匹配@符号；主机名与登录名的组成方式一致，所以也使用[\w-]+匹配；域名与主机名之间使用.来分隔，因为.在正则表达式中代表其他含义，所以还要使用\进行转义，而且邮箱可能使用多级域名，因此使用\.[\w-]+[\.[\w-]+]*来匹配 1 个或多个域名。

（3）匹配手机号码

[0—9]{11,}

手机号码由 11 位数字组成，因此可以使用[0—9]{11,}来进行匹配。

示例 3-8

请将以下字符串中的英文单词、邮箱地址和电话号码提取出来并输出到控制台上。字符串是"我的英文名字是 michael，你记住了吗？我的邮箱是 dragon@kgc.cn，我的电话是 15111222222。"

分析如下。

➤ 匹配英文单词的正则表达式：[a-zA-Z]+。

➤ 匹配电子邮箱的正则表达式：[\w-]+@[\w-]+\.[\w-]+[\.[\w-]+]*。

➤ 匹配手机号码的正则表达式：[0-9]{11,}。

关键代码如下所示。

```
import re
pattern_word='[a-zA-Z]+'
pattern_email='[\w-]+@[\w-]+\.[\w-]+[\.[\w-]+]*'
pattern_phone='[0-9]{11,}'
str='我的英文名字是 michael，你记住了吗？我的邮箱是 dragon@kgc.cn，我的电话是 15111222222。'
pattern_word=re.compile(pattern_word)
pattern_email=re.compile(pattern_email)
pattern_phone=re.compile(pattern_phone)
print("英文单词： ",re.findall(pattern_word,str))
print("邮箱： ",re.findall(pattern_email,str))
print("电话号码： ",re.findall(pattern_phone,str))
```

正则表达式匹配英文单词、邮箱地址和电话号码的视频讲解

输出结果如下。

英文单词：['michael','dragon','kgc','cn']

邮箱：['dragon@kgc.cn']

电话号码：['15111222222']

匹配相同字符串的正则表达式不唯一，只要能够达到预期的匹配效果即可。读者可以通过扫描二维码观看正则表达式匹配英文单词、邮箱地址和电话号码的视频讲解。

示例 3-9

豆瓣电影 Top250 的详情页面中有剧情简介信息，简介信息中有部分内容是写在括号中的，请使用正则表达式将剧情简介中括号内的内容提取出来，并将电影名和简介中带括号的内容输出到控制台上。

分析如下。

➢ 爬取到剧情简介后，使用正则表达式将所有()中的内容筛选出来。

➢ 匹配括号的正则表达式。

关键代码如下所示。

```
class DoubanSpider(scrapy.Spider):
    name='douban'
    start_urls=['…']
    def parse(self,response):
        detail_pages=response.xpath('//div[@class="hd"]/a/@href').extract()
        for detail_page in detail_pages:
            #构造爬取 detail_page 的 Request，并指定由 parse_detail 处理
            yield scrapy.Request(detail_page,callback=self.parse_detail)
        next_page=response.xpath('//span[@class="next"]/a/@href').extract_first()
        base_url='…'
        if next_page:
            yield scrapy.Request(url=base_url+next_page,callback=self.parse)
    def parse_detail(self,response):
        #获得字符串列表 contents
        contents=response.xpath('//*[@id="link-report"]//text()').extract()
        #遍历列表中的字符串，并对每个字符串调用 strip()方法，去除空格，生成新的列表
        contents=[content.strip()for content in contents]
        #将列表拼接成一个字符串
        content="".join(contents)
        pattern="（[^）]+）"
        pattern=re.compile(pattern)
        print(re.findall(pattern,content))
```

输出结果如图 3.7 所示。

正则表达式在处理纯文本信息方面有不可替代的作用，但是由于学习难度比较高，所以需要读者在学习时根据自身的实际情况制定相应的学习计划。本章中所学习的有关正则表达式的内容可以覆盖爬虫开发中大部分的应用场景。

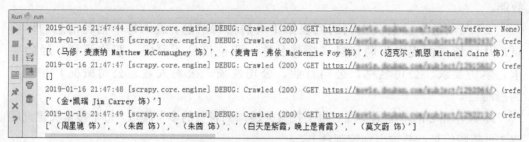

图3.7　提取电影简介中带括号的内容

3.2.2　技能实训

从豆瓣电影 Top250 的详情页面中提取数字和单词，并输出到控制台上。

分析如下。

➤　提取数字的正则表达式：[0-9]+。

➤　提取英文单词的正则表达式：[a-zA-Z]+。

本章小结

➤　在 Scrapy 爬虫框架中使用 xpath 选择器和 css 选择器能够达到同样的选取效果。

➤　在构造 Request 对象时，如果没有设置 callback 参数则由 parse()方法处理爬取结果，也可以将处理方法的引用赋值给 callback 参数，由指定方法处理爬取结果。

➤　在构造 Request 对象时，可以设置参数 meta 向 Reponse 传递数据，meta 参数的数据类型是字典。

➤　正则表达式的学习难度比较高，但是在处理纯文本信息方面的作用非常强大。

本章作业

一、简答题

1. 列举在 Scrapy 框架中用于提取网页内容的技术。

2. 简述在 Scrapy 中如何从页面提取 URL 并实现对这个 URL 的访问和解析。

二、编码题

1. 使用 Scrapy 爬虫框架爬取前程无忧招聘网站的招聘信息。

（1）岗位搜索关键词：数据分析、数据挖掘、算法、机器学习、深度学习、人工智能。

（2）将每个搜索关键词的列表第 1 页的招聘信息（职位名、公司名、工作地点、薪资）输出到控制台上。

2. 使用 Scrapy 爬虫框架爬取前程无忧招聘网站的招聘信息。

（1）岗位搜索关键词：数据分析、数据挖掘、算法、机器学习、深度学习、人工智能。

（2）爬取每个搜索关键词的列表第 1 页的招聘信息，进入每个招聘信息的详情页，从详情页面提取招聘信息（招聘名称、职位信息、薪资、职位福利、经验要求、学历要求、公司名称、公司行业、公司性质、公司人数、公司概况）并输出到控制台。

3. 在作业 2 的基础上实现对每个搜索关键词列表页的多页爬取，每个搜索关键词爬取 2 页招聘信息，并输出到控制台上。

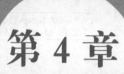

第 4 章

Scrapy 数据保存
（文件、MySQL、MongoDB）

技能目标

➤ 掌握定义和使用 item 的方法。
➤ 掌握使用 Feed exports 将数据保存到 CSV、JSON 文件的方法。
➤ 掌握使用 pipeline 将数据保存到 MySQL 数据库的方法。
➤ 掌握安装、配置和使用 MongoDB 数据库的方法。
➤ 掌握使用 pipeline 将数据保存到 MongoDB
  数据库的方法。

本章任务

任务 1：使用 Feed exports 将爬取的电影信息保存到常见数据格式文件中。
任务 2：使用 pipeline 将爬取的电影信息数据保存到数据库中。

本章资源下载

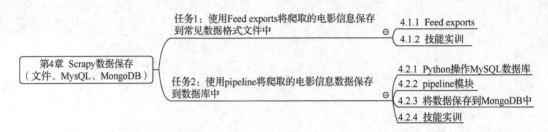

使用 Scrapy 爬虫框架完成目标网站的信息爬取之后，还需要将爬取的数据保存下来，给后续的数据分析等工作提供数据资源。保存数据的方式可以分为直接保存在文件中与保存到数据库中两大类。文件格式以 CSV 和 JSON 居多，这两种格式是数据分析领域常用的文件格式，能够结构化地保存爬取的数据，有利于数据读取与分析工作。关系型数据库 MySQL 和非关系型数据库 MongoDB 非常适合爬取数据量比较大的场景，使用这两个数据库可以给爬取数据提供高效的检索、修改等操作支持。Scrapy 爬虫框架针对以上各种数据保存方法都有非常好的支持，读者通过完成本章的学习，可以掌握在不同的场景下使用合适的数据保存方法保存爬取数据。

任务 1　使用 Feed exports 将爬取的电影信息保存到常见数据格式文件中

【任务描述】

从豆瓣电影 Top250 网站上爬取所有电影的名称、评分、排名、短评、剧情简介信息，将爬取的数据保存到 CSV 文件中。

【关键步骤】

（1）定义 item 类。

（2）在页面解析函数中创建 item 对象，并将爬取的数据保存到 item 中。

（3）使用 yield 方法返回 item 对象。

（4）在启动爬虫工程时，通过命令行参数设置将 item 中的数据保存到 CSV 文件中。

4.1.1　Feed exports

1．item 模块

在第 2 章中介绍 Scrapy 爬虫框架的组成时已经简单介绍了 item.py，也就是 item 模块。item 模块的作用是使用统一的数据格式保存爬取下来的数据。数据格式统一后就可以在不同的模块中进行传输，这是使用 Scrapy 爬虫框架数据保存模块的前置条件。

一个 Scrapy 爬虫项目可以定义多个 item 类，定义 item 类的方法如下。

① 在 item.py 中定义继承自 scrapy.Item 的类。

② 在类中定义变量，变量的值为 scrapy.Field() 对象，定义方法如下所示。

```
class ItemSample(scrapy.Item):
    item_sample=scrapy.Field()
```

③ 在爬虫文件使用 item 保存爬取数据时，为每一组数据创建一个 item 对象，然后像使用字典一样向 item 对象中保存数据，字典的关键字就是定义 item 时的变量名，如下所示。

```
parse_item=ItemSample()
parse_item['item_sample']="parse data"
```

④ 在解析方法中通过 yield 关键字返回 item 对象，之后 Scrapy Engine 会根据爬虫工程的实际配置将 item 转发给相应的模块进行数据保存操作。

2. Feed exports 数据导出模块

Feed exports 的名字来源于当爬虫将数据从网站上爬取下来并完成了数据提取之后，需要将这些数据快速、方便地保存下来，也就是创建一个供其他系统使用的数据输出文件（在英文术语里被称为 export feed，feed 有喂食的意思，此处指数据文件）。

Scrapy 爬虫框架自带了多种数据保存格式的 Item exporters，其支持的数据格式有以下几种。

- ➢ JSON(JsonItemExporter)
- ➢ JSON lines(JsonLinesItemExporter)
- ➢ CSV(CsvItemExporter)
- ➢ XML(XmlItemExporter)
- ➢ Pickle(PickleItemExporter)
- ➢ Marshal(MarshalItemExporter)

JSON、JSON lines、CSV、XML 是常见的文本数据格式，Pickle 和 Marshall 是 Python 特有的。本章将为读者讲解将爬取数据保存为 JSON 和 CSV 两种最常见的文本格式的方法。在使用 Feed exports 时需要将导出文件的路径和导出数据的格式（即使用哪个 Exporter 导出数据）传给 Scrapy 爬虫框架。传入的方法可以通过命令行参数指定或配置文件指定。

（1）通过命令行参数指定 Exporter

在使用命令行启动爬虫时，通过参数-o 指定数据输出的文件路径，通过参数-t 指定保存数据的格式。

示例 4-1

从豆瓣电影 Top250 网站爬取全部上榜的电影信息，并将电影的名称、评分、排名、一句话影评、剧情简介保存到 CSV 文件中。

分析如下。

- ➢ 在 item.py 中定义 ScrapyDoubanItem 类。
- ➢ 在爬虫文件中创建 ScrapyDoubanItem 对象，将爬取的数据保存到 item 对象中，并使用 yield 返回 item 对象。
- ➢ 启动爬虫时通过命令行参数-t 指定数据保存的格式为 CSV，通过参数-o 指定将数据保存到 data.csv：scrapy crawl douban –t csv –o data.csv。

关键代码如下所示。

item.py 文件：

```python
import scrapy
class ScrapyDoubanItem(scrapy.Item):
    #保存一句话影评
    abstract_detail=scrapy.Field()
    #保存得分
    score=scrapy.Field()
    #保存电影名字
    title_detail=scrapy.Field()
    #保存电影排名
    rank_detail=scrapy.Field()
    #保存电影剧情简介
    describe=scrapy.Field()
```

douban.py 文件：

```python
import scrapy
from items import ScrapyDoubanItem
class DoubanSpider(scrapy.Spider):
    name='douban'
    start_urls=['…']
    def parse(self,response):
        title=response.css('.hd>a>span:nth-child(1)::text').extract()
        rank=response.xpath('//*[@class="pic"]/em/text()').extract()
        abstract=response.xpath('//*[@class="inq"]/text()').extract()
        detail_pages=response.xpath('//div[@class="hd"]/a/@href').extract()
        for ind,detail_page in enumerate(detail_pages):
            abstract_detail=abstract[ind]
            title_detail=title[ind]
            rank_detail=rank[ind]
            #通过 meta 在 request 与 response 间传递数据
            yield scrapy.Request(detail_page,callback=self.parse_detail,meta={'abstract_detail':abstract_detail,
'title_detail':title_detail,
'rank_detail':rank_detail})
        next_page=response.xpath('//span[@class="next"]/a/@href').extract_first()
        base_url='…'
        if next_page:
            yield scrapy.Request(url=base_url+next_page,callback=self.parse)
    def parse_detail(self,response):
        score=response.xpath('//*[@class="ll rating_num"]/text()').extract_first()
        describe=response.xpath('//*[@property="v:summary"]/text()').extract_first()
        abstract_detail=response.meta['abstract_detail']
        title_detail=response.meta['title_detail']
        rank_detail=response.meta['rank_detail']
```

```
#创建 ScrapyDoubanItem 对象
item=ScrapyDoubanItem()
item['abstract_detail']=abstract_detail
item['score']=score
item['title_detail']=title_detail
item['rank_detail']=rank_detail
item['describe']=describe
yield item
```

程序运行后在爬虫工程的根目录下会生成 data.csv 文件，使用 Excel 打开文件后的结果如图 4.1 所示。

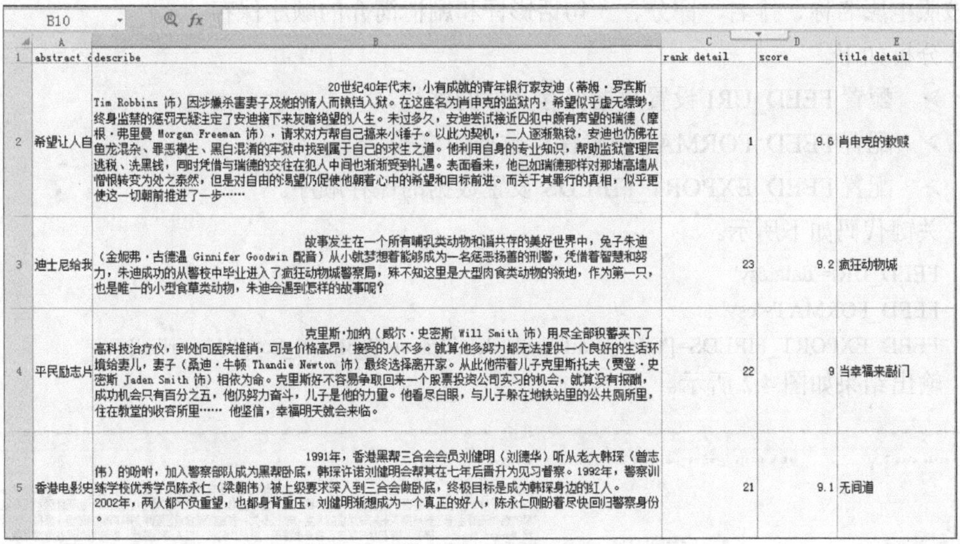

图4.1　data.csv文件

从图 4.1 中可以看出，使用 CSV 文件的第一行没有保存数据，而是标题行。如果将命令行修改为"scrapy crawl douban–t json–o data.json"则会将数据保存为 JSON 格式。Scrapy 爬虫框架还支持根据输出文件的后缀名推断数据格式，也就是如果启动爬虫的命令是"scrapy crawl douban–o data.csv"，爬虫框架会根据命令推断出以 CSV 格式保存数据到 data.csv 中。

（2）通过配置文件指定 Exporter

在 settings.py 文件中，可以通过添加配置项来指定爬虫使用哪个 Exporter 导出数据。常用的配置项如表 4-1 所示。

表 4-1　Exporter 配置项

配置项	说明	示例
FEED_URI	导出文件路径	FEED_URI='data.csv' 在爬虫根目录下创建 data.csv 文件，并将数据保存到文件中
FEED_FORMAT	导出数据格式	FEED_FORMAT='csv' 以 CSV 格式保存数据

续上表

配置项	说明	示例
FEED_EXPORT_ENCODING	导出文件编码（默认情况下 JSON 文件使用 unicode 编码/uXXXX，其他使用 utf-8 编码）	FEED_EXPORT_ENCODING='gbk' 使用 gbk 编码保存数据
FEED_EXPORT_FIELDS	导出数据包含的字段（默认情况下导出所有字段），可以在这里指定字段的顺序	FEED_EXPORT_FIELDS=['title_detail','rank_detail','score','abstract_detail','describe']

示例 4-2

从豆瓣电影 Top250 网站爬取全部上榜的电影信息，并将电影的名称、评分、排名、一句话影评、剧情简介保存到 CSV 文件中。使用配置文件实现并且使 CSV 文件中的数据按照电影名称、排名、评分、一句话影评和剧情简介的顺序保存。

分析如下。

- 配置 FEED_URI 设置数据保存文件的路径。
- 配置 FEED_FORMAT 设置保存数据的格式。
- 配置 FEED_EXPORT_FIELDS 设置数据的保存顺序。

关键代码如下所示。

```
FEED_URI='data.csv'
FEED_FORMAT='csv'
FEED_EXPORT_FIELDS=['title_detail','rank_detail','score','abstract_detail','describe']
```

输出结果如图 4.2 所示。

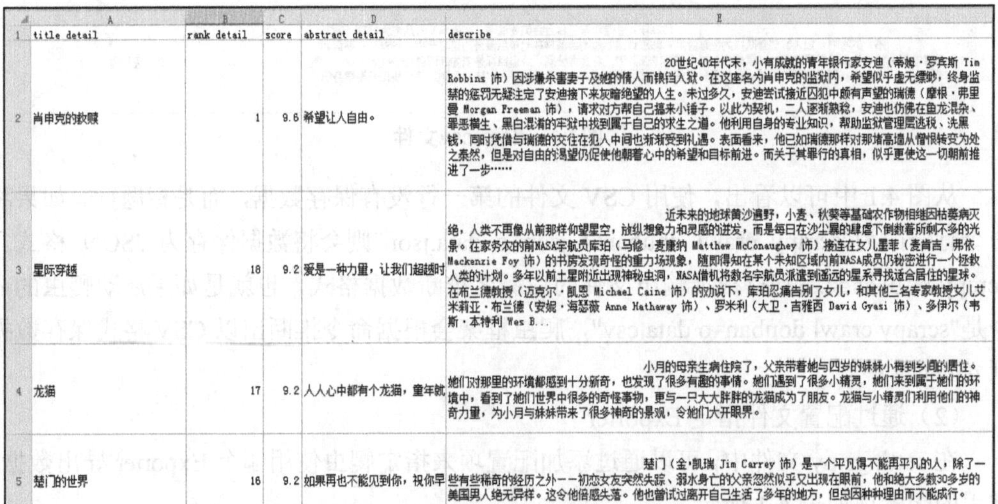

	A	B	C	D	E
1	title detail	rank detail	score	abstract detail	describe
2	肖申克的救赎	1	9.6	希望让人自由。	20世纪40年代末，小有成就的青年银行家安迪（蒂姆·罗宾斯 Tim Robbins 饰）因涉嫌杀害妻子及她的情人而锒铛入狱。在这座名为肖申克的监狱内，希望似乎虚无缥缈，终身监禁的惩罚无疑注定了安迪接下来灰暗绝望的人生。未过多久，安迪尝试接近囚犯中颇有声望的瑞德（摩根·弗里曼 Morgan Freeman 饰），请求对方帮自己搞来小锤子。以此为契机，二人逐渐熟稔，安迪也仿佛在鱼龙混杂、罪恶横生、黑白混淆的牢狱中找到属于自己的求生之道。他利用自身的专业知识，帮助监狱管理层逃税、洗黑钱，同时凭借与瑞德的交往在犯人中间也渐渐受到礼遇。表面看来，他已如瑞德那样对那堵高墙从憎恨转变为处之泰然，但是对自由的渴望仍促使他朝着心中的希望和目标前进。而关于其罪行的真相，似乎更使这一切朝前推进了一步……
3	星际穿越	18	9.2	爱是一种力量，让我们超越时	近未来的地球黄沙遍野，小麦、秋葵等基础农作物相继因枯萎病灭绝，人类不再像从前那样仰望星空，放纵想象力和灵感的迸发，而是每日在沙尘暴的肆虐下倒数着所剩不多的光景。在家务农的前NASA宇航员库珀（马修·麦康纳 Matthew McConaughey 饰）接连在女儿墨菲（麦肯吉·弗依 Mackenzie Foy 饰）的书房发现奇怪的重力场现象，随即得知在某个未知区域内前NASA成员仍秘密进行一个拯救人类的计划。多年以前土星附近出现神秘虫洞，NASA借机将数名宇航员派遣到遥远的星系寻找适合居住的星球。在布兰德教授（迈克尔·凯恩 Michael Caine 饰）的劝说下，库珀忍痛告别了女儿，和其他三名专家教授女儿艾米莉亚·布兰德（安妮·海瑟薇 Anne Hathaway 饰）、罗米利（大卫·吉雅西 David Gyasi 饰）、多伊尔（韦斯·本特利 Wes B...
4	龙猫	17	9.2	人人心中都有个龙猫，童年就	小月的母亲生病住院了，父亲带着她与四岁的妹妹小梅到乡间的居住。她们对那里的环境都感到十分新奇，也发现了很多有趣的事情。她们遇到了很多小精灵，她们来到属于她们的环境中，看到了她们世界中很多的奇怪事物，更与一只大大胖胖的龙猫成为了朋友。龙猫与小精灵们利用他们的神奇力量，为小月与妹妹带来了很多神奇的景观，令她们大开眼界。
5	楚门的世界	16	9.2	如果再也不能见到你，祝你早	楚门（金·凯瑞 Jim Carrey 饰）是一个平凡得不能再平凡的人，除了一些有些稀奇的经历之外——初恋女友突然失踪、溺水身亡的父亲忽然似乎又出现在眼前，他和绝大多数30多岁的美国男人绝无异样。这令他倍感失落。他也曾试过离开自己生活了多年的地方，但总因种种理由而不能成行。

图4.2　配置Feed exports输出结果

Feed exports 是非常方便的保存爬取数据的方法，如果需要保存的数据量不大则可以使用 Feed exports 将爬取的数据保存为 CSV 或 JSON 格式。

4.1.2　技能实训

使用 Scrapy 爬虫框架从火车信息网站爬取全部北京到上海的火车信息，包括车次、二等座票价、所有停靠站的站点信息。将爬取的信息保存到 CSV 文件中。

分析如下。

➢ 在 settings.py 文件中配置启用 CSV 文件的 Exporter。

➢ 在 settings.py 文件中配置文件的保存位置。

任务 2　使用 pipeline 将爬取的电影信息数据保存到数据库中

【任务描述】

从豆瓣电影 Top250 网站上爬取所有电影的名称、评分、排名、短评、剧情简介信息，将爬取的数据保存到 MySQL 数据库中。

【关键步骤】

（1）安装 PyMySQL 库。

（2）创建自定义 Pipeline 并在 Pipeline 中将爬取的数据保存到 MySQL 数据库中。

（3）在 settings.py 中配置启用自定义 Pipeline。

4.2.1　Python 操作 MySQL 数据库

使用 Feed exports 将 Scrapy 爬虫框架爬取的数据保存到文本文件中的方法快捷、简便。但是当爬取的数据量非常大时，简单地使用文本文件保存数据会出现读取困难的问题；当爬取的数据需要在一个大的系统中进行分享时，文本文件的性能、方便性无法满足使用需求。使用数据库保存爬取数据则能够非常轻松地应对大规模的数据场景，并且数据库能够在系统内方便地实现数据共享。以在企业中广泛使用的 MySQL 数据库为例，讲解如何在 Python 中实现对数据库的操作。

操作数据库是通过安装数据库驱动来实现的。所谓的数据库驱动是不同数据库开发商为了某一种语言能够实现统一的数据库调用而开发的一个程序。在 Python3 中，操作 MySQL 数据库需要安装 PyMySQL 库实现对数据库的驱动。安装命令如下。

pip install PyMySQL

使用 PyMySQL 操作数据库的方法如下。

（1）导入 PyMySQL 库。

import pymysql

（2）调用 PyMySQL 的 Connect() 获得连接对象 conn，需要配置的参数如表 4-2 所示。

表 4-2　数据库连接参数

参数	说明
host	数据的 ip 地址，如果连接本机的数据库 ip 地址为 127.0.0.1
port	连接数据库的端口，MySQL 数据库的默认连接端口是 3306
user	连接数据库时的用户名
passwd	连接数据库时的密码

续上表

参数	说明
db	连接数据库的数据库名
charset	连接数据库时使用的字符集，通常为 utf-8

（3）调用数据库连接对象 conn 的 cursor()方法获得游标对象 cursor。

（4）调用 cursor 对象的 execute()方法执行 SQL 语句。

（5）如果 SQL 语句执行的是增删改操作，还需调用数据库连接对象 conn 的 commit()方法提交操作，使操作生效。

示例 4-3

使用 PyMySQL 连接和操作数据库，将素材库的内容插入数据库表中，并且查询数据库表中的数据。

关键步骤如下。

（1）使用素材中的建库建表语句创建 jobcrawler 数据库和 original_data 表。

（2）将素材中的 SQL 文件导入数据库表中，数据如图 4.3 所示。

图4.3　素材数据

（3）使用 PyMySQL 连接数据库，并在控制台中打印出 original_data 表中所有的招聘信息。

关键代码如下。

建表 SQL 代码：

```
CREATE DATABASE jobcrawler;
USE jobcrawler
CREATE TABLE IF NOT EXISTS 'orignal_data'(
    'id' INT UNSIGNED AUTO_INCREMENT,
    'title' VARCHAR(100)NOT NULL,
    'link' VARCHAR(100)NOT NULL,
    'content' TEXT NOT NULL,
    'location' TEXT VARCHAR(20)NULL,
    PRIMARY KEY('id' )
)ENGINE=InnoDB DEFAULT CHARSET=utf8;
```

Python 操作 MySQL：

```
import pymysql
def load_all_from_mysql():
    connect=pymysql.Connect(
        host='localhost',
        port=3306,
        user='root',
        passwd='root',
        db='jobcrawler',
        charset='utf8'
    )
    #获取游标
    cursor=connect.cursor()
    sql="SELECT title,link,location FROM orignal_data"
    try:
        cursor.execute(sql)
        for row in cursor.fetchall():
            title=row[0]
            link=row[1]
            location=row[2]
            print(title+"\n"+link+"\n"+location+"\n")
    except:
        print("fail to load data from mysql")
    cursor.close()
    connect.close()
load_all_from_mysql()
```

输出结果如图 4.4 所示。

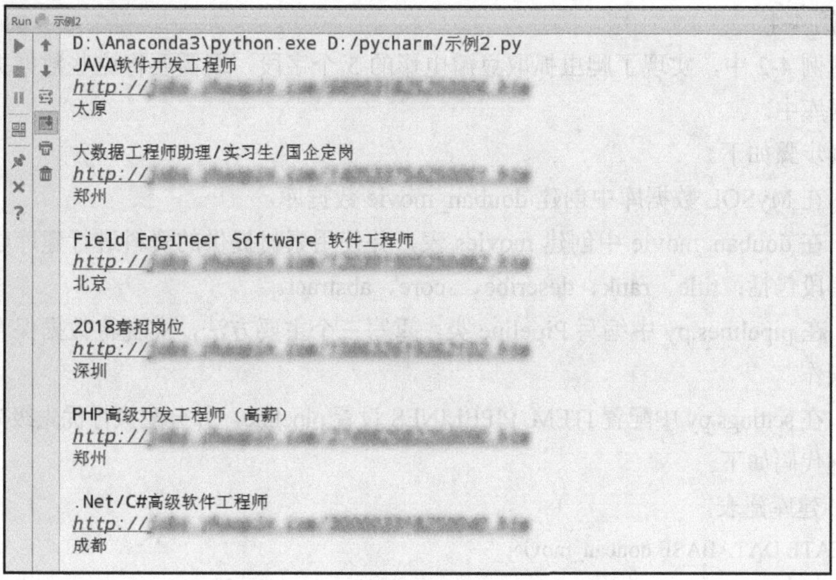

图4.4　Python操作MySQL输出结果

4.2.2 pipeline 模块

Pipeline 模块是 Scrapy 框架中处理 item 的模块，从 Spider 中返回的 item 会进入 pipeline 中做相应处理。它的主要作用有两个方面，即将数据保存到文件或数据库中以及对数据进行过滤。在 Scrapy 框架中，将爬虫抓取下来的数据保存在数据库中，通常是在 Pipeline 模块内实现。实现步骤如下。

（1）在 pipelines.py 中创建 Pipeline 类，在类中实现将数据保存到数据库的功能。可以直接使用 pipelines.py 中的默认 Pipeline 类，也可以自定义创建一个类。类中需要重写 3 个主要的方法。

① open_spider(self,spider)，该方法在爬虫开启时运行，通常在该方法下创建数据库的连接，这样在一个爬虫任务中，只做一次连接数据库的操作。

② process_item(self,item,spider)，该方法用于处理 item，每一个从 spider 中返回的 item 都会经过这个方法，在该方法中实现将数据保存在数据库中的操作。

③ close_spider(self,spider)，该方法在爬虫结束时运行，通常在该方法下关闭数据库连接，保证数据库在爬虫结束后就关闭。

（2）在 settings.py 中配置 ITEM_PIPELINES，只有在配置成功之后，Pipeline 才会被启用。ITEM_PIPELINES 是一个字典，键表示完整的 Pipeline 类的路径，值是一个 1～1000 的整数，表示该 Pipeline 执行的优先级，1 为最先执行，1000 为最后执行。ITEM_PIPELINES 配置如图 4.5 所示。

```
ITEM_PIPELINES = {
    'quotes.pipelines.QuotesPipeline': 300,
}
```

图4.5　ITEM_PIPELINES配置

示例 4-4

在示例 4-2 中，实现了爬虫抓取豆瓣电影的 5 个字段，现需要将这些数据抓取并保存在数据库中。

关键步骤如下。

（1）在 MySQL 数据库中创建 douban_movie 数据库。

（2）在 douban_movie 中创建 movies 表，并使用素材提供的资料进行建库建表，数据库表字段包括：title、rank、describe、score、abstract。

（3）在 pipelines.py 中编写 Pipeline 类，重写三个主要方法，实现将数据保存在数据库中的操作。

（4）在 settings.py 中配置 ITEM_PIPELINES 设置 pipeline，并分配执行优先级为 300。

关键代码如下。

SQL 建库建表：

CREATE DATABASE douban_movie;

USE douban_movie;

```
CREATE TABLE IF NOT EXISTS 'movies'(
    'id' INT UNSIGNED AUTO_INCREMENT,
    'title' VARCHAR(100)NOT NULL,
    'rank' VARCHAR(200)NOT NULL,
    'score' VARCHAR(200)NOT NULL,
    'abstract' VARCHAR(200)NOT NULL,
    'describe' VARCHAR(200)NOT NULL,
    PRIMARY KEY('id' )
)ENGINE=INNODB DEFAULT CHARSET=utf8;
```

pipelines.py:

```python
import pymysql
class ScrapyDoubanPipeline(object):
    def open_spider(self,spider):
        self.conn=pymysql.Connect(
            host='localhost',
            port=3306,
            user='root',
            passwd='123456',
            db='douban_movie',
            charset='utf8',
        )
        self.cursor=self.conn.cursor()
    def process_item(self,item,spider):
        sql="""INSERT INTO
            douban_movie.movies('title','rank','score','abstract','describe')
            VALUES('%s','%s','%s','%s','%s')"""
        self.cursor.execute(
            sql%(
                item['title_detail'],
                item['rank_detail'],
                item['score'],
                item['abstract_detail'],
                item['describe'],
            )
        )
        self.conn.commit()
        return item
    def close_spider(self,spider):
        self.cursor.close()
        self.conn.close()
```

settings.py:

```python
ITEM_PIPELINES={
    'scrapy_douban.pipelines.ScrapyDoubanPipeline':300,
}
```

输出结果如图 4.6 所示。

图4.6　Scrapy爬取数据保存在MySQL中的输出结果

> **提示**
>
> 在 pipelines.py 中可以定义多个 Pipeline 类。例如创建两个 Pipeline，一个
> Pipeline 用于过滤数据，一个 Pipeline 用于将数据保存到数据库，只要在 settings.py
> 的 ITEM_PIPELINE 设置中将两个 Pipeline 都填入，将数据处理 Pipeline 的优先
> 级设置为高于数据保存 Pipeline，这样数据就会先被过滤，然后再保存到数据
> 库中。

4.2.3　将数据保存到 MongoDB 中

在真实的工作需求中，不仅需要将数据抓取保存在 MySQL 这类关系型数据库中，
许多场景下也会将数据抓取保存在 MongoDB 这类非关系型数据库中。

非关系型数据库（又称 not only SQL，NoSQL）不以关系型数据库的核心 ACID
（数据库事务处理的四个基本要素）为核心，而是强调 Key-Value 存储和文档数据库的
优点。它更好地支持大规模存储、分布式、易扩展。MongoDB 就是一个典型的 NoSQL
数据库。

1. MongoDB 数据库

MongoDB 是由 C++语言编写的，一个基于分布式文件存储的开源数据库系统。它
旨在为 WEB 应用提供可扩展的高性能数据存储解决方案。它具备很强的扩展性，并且
它支持的数据结构非常松散，是类似于 JSON 的格式。MongoDB 最大的特点是它支持的
查询语言非常强大，其语法类似面向对象的查询语言，可以实现关系型数据库单表查询
的绝大多数功能。

MongoDB 安装与配置步骤如下。

（1）从官网下载软件并安装

（2）创建配置文件和数据文件夹等

首先需要在 MongoDB 中增加一个配置文件 mongo.config。此文件保存在：C:\Program Files\MongoDB\Server\3.6\bin 下面。在文件里面需要配置几个参数，如图 4.7 所示。dbpath、logpath 这两个路径为自定义路径，其中 log 文件夹下面要创建 db.log 文件。

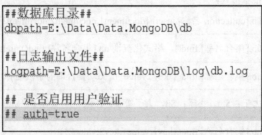

```
##数据库目录##
dbpath=E:\Data\Data.MongoDB\db

##日志输出文件##
logpath=E:\Data\Data.MongoDB\log\db.log

## 是否启用用户验证
## auth=true
```

图4.7　MongoDB配置文件

（3）安装 Windows 服务

将 MongoDB 的 bin 目录的路径（C:\Program Files\MongoDB\Server\3.6\bin）配置到 Windows 的环境变量当中。打开 cmd 窗口，在命令行中输入：mongod--config"C:\Program Files\MongoDB\Server\3.6\bin\mongo.config"--install 执行完成后会在服务中多一条启动项。如果没有，使用管理权限打开 cmd 窗口再试一次。配置完成后，在服务界面有 MongoDB 服务启动，如图 4.8 所示。

Microsoft Store 安装服务	为 M...		手动	本地系统
Microsoft Windows SMS 路由器服务。	根据...		手动(触发...	本地服务
MongoDB	Mon...		自动	本地系统
Net.Tcp Port Sharing Service	提供...		禁用	本地服务
Netlogon	为用...		手动	本地系统
Network Connected Devices Auto-Setup	网络...	正在	手动(触发...	本地服务

图4.8　MongoDB服务

（4）进入 mongodb 命令行交互界面

在 cmd 界面输入 mongo 命令进入命令行交互界面操作。MongoDB 的语法非常简练，并且功能强大，它的主要操作语法如表 4-3 所示。

表 4-3　MongoDB 数据库操作

数据库操作	命令示例
查看当前数据库	show dbs
增加/切换数据库	use[db 名称]
删除数据库	db.dropDatabase()
查看数据库当中的集合	show collections

数据库操作	命令示例
创建集合	db.createCollection([collection 名称])
删除集合	db.[collection 名称].drop()
插入数据语句	db.[collection 名称].insert(document) 批量插入： db.[collection 名称].insert([document1,document2,document3])
查询数据库语句	db.[集合名称].find()，格式化查询 db.[集合名称].find().pretty()
按条件查询	db.[集合名称].find({"key":value})，key:要查询的字段名称，value:要查询的字段的值
条件运算符	大于：$gt，小于：$lt，大于等于：&gte，小于等于：$lte，不等于：$ne
And 查询	db.[集合名称].find({key1:value1,key2:value2})
Or 查询	db.[集合名称].find($or:[{key1:value1},{key2:value2}])
排序	db.[集合名称].find().sort({KEY:1})，key 为要排序的字段，1：正序，-1：倒序

示例 4-5

在命令行交互式界面下使用 MongoDB 进行如下操作。

➢ 创建 jobs_db 数据库。

➢ 新建一个 collection，取名 jobinfo。

➢ 向 collection 中插入招聘数据（示例中展示）。

➢ 显示 jobinfo 中的所有数据。

➢ 显示 jobinfo 中 location 为"北京"的数据。

关键步骤如下。

（1）使用 use 命令创建数据库，并指定使用数据库。

（2）使用 createCollection()方法新建 collection。

（3）使用 insert()方法向 collection 中插入数据。

（4）使用 find()方法和 find().pretty()方法显示数据。

（5）使用 find({"location":"北京"})显示筛选数据。

关键代码如下。

```
use jobs_db
db.createCollection("jobinfo")
db.jobinfo.insert({"title":"爬虫工程师","salary":"15001-20000","location":"上海"})
db.jobinfo.insert({"title":"python 爬虫工程师","salary":"10000-15000","location":"北京"})
db.jobinfo.find()
db.jobinfo.find().pretty()
db.jobinfo.find({"location":"北京"})
```

输出结果如图 4.9 所示。

```
> db.jobinfo.find()
{ "_id" : ObjectId("5c7de9a3875b7be694790854"), "title" : "python 爬虫工程师", "
salary" : "10000-15000", "location" : "北京" }
{ "_id" : ObjectId("5c7de9aa875b7be694790855"), "title" : "爬虫工程师", "salary"
 : "15001-20000", "location" : "上海" }
> db.jobinfo.find().pretty()
{
        "_id" : ObjectId("5c7de9a3875b7be694790854"),
        "title" : "python 爬虫工程师",
        "salary" : "10000-15000",
        "location" : "北京"
}
{
        "_id" : ObjectId("5c7de9aa875b7be694790855"),
        "title" : "爬虫工程师",
        "salary" : "15001-20000",
        "location" : "上海"
}
> db.jobinfo.find({"location":"北京"})
{ "_id" : ObjectId("5c7de9a3875b7be694790854"), "title" : "python 爬虫工程师", "
salary" : "10000-15000", "location" : "北京" }
>
```

图4.9　命令行操作MongoDB输出结果

读者可以通过扫描二维码了解更多关于 MongoDB 数据库的操作。

2. Python 操作 MongoDB 数据库

Python 可以使用 PyMySQL 库来操作 MySQL 数据库，同样，Python 也可以通过 pymongo 来操作 MongoDB。

MongoDB 数据库讲解

安装 pymongo 库十分简单，可以有以下两种方式（二选一）。

➤　在命令行中输入：pip install pymongo。

➤　在 Anaconda prompt 中输入：conda install pymongo。

安装完成之后，使用 pymongo 操作 MongoDB 的流程如下。

（1）创建数据库连接。

pymongo.MongoClient('localhost',27017)，MongoDB 的默认端口为 27017。

（2）获取数据库对象。

conn.db_name，conn 为数据库连接对象，db_name 是数据库名称。

（3）获取 collection 对象。

db_name.collection_name，collection_name 为 collection 的名称。

Python 操作 MongoDB 语法与命令行操作一致。

示例 4-6

在示例 4-4 的基础上，将数据的保存方式改为将数据保存到 MongoDB 中。

关键步骤如下。

（1）创建 MongoDB 数据库取名 douban_movie。

（2）创建 collection 取名 movies。

（3）在 pipelines.py 中重写三个主要方法，实现将数据保存至 MongoDB 数据库中。

（4）在 settings.py 的 ITEM_PIPELINE 设置项中将 Pipeline 启用，设置优先级 300。

关键代码如下。

pipelines.py 中：

```
class ScrapyDoubanMongoPipeline(object):
```

4
Chapter

71

```
def open_spider(self,spider):
    self.conn=pymongo.MongoClient(host='localhost',port=27017)
    self.db=self.conn.douban_movie
    self.movies=self.db.movies
def process_item(self,item,spider):
    self.movies.insert(
        {
            "title":item['title_detail'],
            "rank":item['rank_detail'],
            "score":item['score'],
            "abstract":item['abstract_detail'],
            "describe":item['describe'],
        }
    )
def close_spider(self,spider):
    self.conn.close()
```

Settings.py:

```
ITEM_PIPELINES={
    'scrapy_douban.pipelines.ScrapyDoubanMongoPipeline':300,
}
```

输出结果如图 4.10 所示。

```
> use douban_movie
switched to db douban_movie
> db.movies.find().pretty()
{
        "_id" : ObjectId("5bbc0504598bb83c3c031176"),
        "title" : "肖申克的救赎",
        "rank" : "1",
        "score" : "9.6",
        "abstract" : "希望让人自由。",
        "describe" : "\n                                                20世纪40年代末，
小有成就的青年银行家安迪（蒂姆·罗宾斯 Tim Robbins 饰）因涉嫌杀害妻子及她的情人
而锒铛入狱。在这座名为肖申克的监狱内，希望似乎虚无缥缈，终身监禁的惩罚无疑注定了
安迪接下来灰暗绝望的人生。未过多久，安迪尝试接近囚犯中颇有声望的瑞德（摩根·弗里
曼 Morgan Freeman 饰），请求对方帮自己搞来小锤子。以此为契机，二人逐渐熟稔，安迪
也仿佛在鱼龙混杂、罪恶横生、黑白混淆的牢狱中找到属于自己的求生之道。他利用自身的
专业知识，帮助监狱管理层逃税、洗黑钱，同时凭借与瑞德的交往在犯人中间也渐渐受到礼
遇。表面看来，他已如瑞德那样对那堵高墙从憎恨转变为处之泰然，但是对自由的渴望仍促
使他朝着心中的希望和目标前进。而关于其罪行的真相，似乎更使这一切朝前推进了一步…
…\n
                                    "
}
{
        "_id" : ObjectId("5bbc0506598bb83c3c031177"),
        "title" : "怦然心动",
        "rank" : "25",
        "score" : "9.0",
        "abstract" : "真正的幸福是来自内心深处。",
        "describe" : "\n                                                布莱斯（卡兰·麦
克奥利菲 Callan McAuliffe 饰）全家搬到小镇，邻家女孩朱丽（玛德琳·卡罗尔 Madeline
 Carroll 饰）前来帮忙。她对他一见钟情，心愿是获得他的吻。两人是同班同学，她一直
想方设法接近他，但是他避之不及。她喜欢爬在高高的梧桐树上看风景。但因为施工，树被
要被砍掉，她誓死捍卫，希望他并肩作战，但是他退缩了。她的事迹上了报纸，外公对她颇
有好感，令他十分困惑。她凭借鸡下蛋的项目获得了科技展第一名，成了全场焦点，令他黯
然失色。她把自家鸡蛋送给他，他听家人怀疑她家鸡蛋不卫生，便偷偷把鸡蛋丢掉。她得知
真相，很伤心，两人关系跌入冰点。她跟家人诉说，引发争吵。原来父亲一直攒钱照顾傻弟
弟，所以生活拮据。她理解了父母，自己动手，还得到了他外公的鼎力相助。他向她道歉，
但是并未解决问题。他开始关注她。鸡蛋风波未平，家庭晚宴与午餐男孩评选...\n
                    "
}
```

图4.10　将数据保存到MongoDB中输出结果

4.2.4　技能实训

使用 Scrapy 爬虫框架从火车信息网站爬取全部北京到上海的火车信息，包括车次、二等座票价、所有停靠站的站点信息。将爬取的信息保存到 MongoDB 数据库中。

分析如下。

➢　新建 MongoDB 数据库，取名 trains_db。

➢　新建 collection，取名 lineinfo。

➢　在 pipelines.py 中实现将数据写入数据库的操作。

➢　在 settings.py 中的 ITEM_PIPELINE 设置选项中，启用 pipeline。

本章小结

➢　item 是联通各模块的数据结构基石。

➢　使用 Feed exports 可以快速将数据导入文件当中。

➢　Pipeline 可以实现对爬取数据的处理和保存工作。

➢　在 settings.py 的 ITEM_PIPELINE 设置项中启用 pipeline，pipepline 才会真正启用。

➢　MongoDB 保存的数据格式是类 JSON 格式的。

本章作业

一、简答题

1. 列举 Scrapy 的 Feed exports 支持的数据格式，描述如何使用 Feed exports 导出数据。

2. 简述 Scrapy 使用 pipeline 保存数据时各模块是如何协同工作的。

二、编码题

1. 使用 Scrapy 爬取前程无忧网站的信息。

岗位搜索关键词：数据分析、数据挖掘、算法、机器学习、深度学习、人工智能。爬取每个搜索关键词的列表前 2 页的招聘信息，进入每个招聘信息的详情页，从详情页面提取以下信息（招聘名称、职位信息、薪资、职位福利、经验要求、学历要求、公司名称、公司行业、公司性质、公司人数、公司概况）并保存到 CSV 文件中。

2. 使用 Scrapy 爬取前程无忧网站的信息。

岗位搜索关键词：数据分析、数据挖掘、算法、机器学习、深度学习、人工智能。爬取每个搜索关键词的列表前 2 页的招聘信息，进入每个招聘信息的详情页，从详情页面提取以下信息（招聘名称、职位信息、薪资、职位福利、经验要求、学历要求、公司名称、公司行业、公司性质、公司人数、公司概况）并保存到 MySQL 数据库中。

3．使用 Scrapy 爬取前程无忧网站的信息。

岗位搜索关键词：数据分析、数据挖掘、算法、机器学习、深度学习、人工智能。爬取每个搜索关键词的列表前 2 页的招聘信息，进入每个招聘信息的详情页，从详情页面提取以下信息（招聘名称、职位信息、薪资、职位福利、经验要求、学历要求、公司名称、公司行业、公司性质、公司人数、公司概况）并保存到 MongoDB 数据库中。

第 5 章

Scrapy 反反爬技术

技能目标

➤ 了解各种网站反爬虫抓取的策略和状况。

➤ 了解常用的反反爬手段。

➤ 掌握使用 Scrapy 实现反反爬功能。

➤ 掌握常用的 Scrapy 扩展功能。

本章任务

任务 1：学习反爬虫和反反爬虫策略。

任务 2：学习 Scrapy 框架中更多常用的设置。

本章资源下载

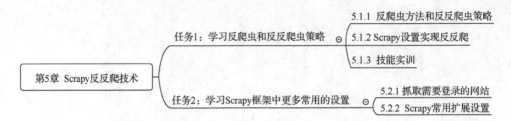

在开发爬虫抓取数据的过程中，即使检查所有的爬取逻辑都编写无误，仍然会有数据抓取不下来的情况，这很有可能是因为该网站存在一些反爬虫的设置将你的爬虫程序拒之门外了。本章将介绍网站常见的反爬虫方法，以及在 Scrapy 爬虫框架中的应对策略，也就是反反爬功能的实现。之后还会介绍更多 Scrapy 爬虫框架的进阶操作和常用扩展设置。

任务 1 学习反爬虫和反反爬虫策略

【任务描述】

所谓"知己知彼，百战百胜"，本任务将首先介绍网站常见反爬虫的方法，然后介绍应对这些反爬虫方法的反反爬虫策略，并在 Scrapy 框架内实现反反爬功能。

【关键步骤】

（1）了解网站中常见的反爬虫方法。

（2）了解常见的反反爬虫策略。

（3）Scrapy 设置参数实现反反爬虫。

（4）Scrapy 设置模拟自然人访问的行为。

5.1.1 反爬虫方法和反反爬虫策略

可以将反爬虫和反反爬虫的关系理解为盾和矛的关系。网站设置反爬虫来限制爬虫访问网站，而我们开发反反爬虫程序，就需要突破网站中设置的反爬虫方法，从而达到获取网站数据的目的。

1. 网站为什么要设置反爬虫

网站中设置反爬虫最主要的原因可能并不是网站的数据高度机密，需要设置反爬虫来防止爬虫抓取。因为既然网站愿意将数据放在网站中，供用户通过浏览器进行访问，就说明网站方面是默认允许用户获取该网站数据的。网站中设置反爬虫的主要原因是不规范的爬虫会影响网站的正常使用。尤其是对于新手爬虫程序来说更是如此。现在爬虫程序或者框架抓取请求服务器的速度非常快，常常可达每秒十几次至几十次的频率，新手爬虫也不会对此进行限制，以这样的频率进行访问很容易使网站的服务器负载难以承受，并且可能会导致服务器崩溃影响用户的正常访问。所以网站需要设置反爬虫来拒绝和过滤掉这种不"礼貌"的爬虫程序。

网站设置反爬虫的其他原因还包括网站中的数据为公司的重要资产，不想让爬虫轻易获取；许多网站会使用"埋点"技术记录网站中的一些浏览统计数据，而爬虫会对这些统计数据造成污染。

2.　网站反爬虫的常用方法

（1）封禁非浏览器的 User-Agent

User-Agent 是一个特殊的字符串头，它在 HTTP 请求过程中会作为头部中的属性传给服务器，服务器能通过这个字符串来判断请求它的是否是浏览器。许多网站通过 User-Agent 来限制爬虫访问，它们会封禁所有来自非浏览器的 HTTP 请求。

（2）根据访问频率封禁 ip

当网站的服务器被同一个 ip 以非常高的频率请求时，基本可以判断访问网站的并不是一个"人"，实际上许多网站都是通过封禁高频率访问的 ip 来设置反爬虫的，这是最常见、也是最有效的反爬虫方式之一。

（3）设置账号登录时长，账号访问频率过快过多则进行封禁

当网站的内容仅限于登录之后才能展现时，这些网站经常是通过设置账号登录时长和账号的访问频率或访问次数来达到反爬虫的目的，这在许多依靠账号登录的网站中非常常见。账号登录后并非一直是登录状态，可能一天、一周之后登录就会自动注销，需要重新填入账号密码进行登录。同样，当一个账号的访问频率非常高的时候，一般也就可以判断操作该账号的并不是一个"人"，从而网站会对该账号进行封禁。

（4）花样百出的验证码

大型网站由于流量较大，服务器的压力较大，通常当用户请求频繁后会被要求先输入验证码。如果使用者是人，填写验证码是比较简单的操作，但如果是机器，做到识别验证码会非常难，尤其现在花式验证码频出，比如在所有的汉字中找出与水有关的汉字，又比如 12306 网站中反人类的验证码等。以验证码的方式来设置反爬虫虽然会牺牲掉少许用户的体验，但是基本可以屏蔽绝大多数爬虫，因为破解这些花式的验证码技术难度太大。

（5）对 API 接口进行限制

还有一些网站会对传递数据的 API 接口进行限制。网站一般是为 API 接口进行严格的加密从而加大爬虫爬取的难度。此外，网站可能对 API 接口的日访问次数做一个固定的限制，例如每一个设备或者 ip 一天内只能请求某个 API 接口 20 次，如果超过 20 次就直接拒绝该 ip 或该设备的任何请求。

3.　爬虫程序的反反爬策略

网站为了保护自己的服务器会使用一些反爬虫的方法，但是这并不代表爬虫程序就完全无法进行抓取。爬虫程序也可以通过一些方法或策略去突破反爬虫技术。首先明确网站的初衷，它们是想阻止爬虫程序来访问网站，而不是想阻止正常自然人访问网站，所以爬虫程序的反反爬策略的核心思想是如何伪装成一个自然人的访问行为。

自然人浏览访问网站的特点如下。

➢ 访问频率不会非常高。

➢ 使用浏览器进行访问。

➢ 网站设置登录要求后仍能正常使用。

➢ 访问网站可能具有随机性，不会依照着固定的某个规则或者顺序去访问网页。

➢ 可以完成验证操作。

根据这些特点，可以制定出来的反反爬策略如下。

➢ 模拟自然人访问频率，降低爬虫的访问频率，并且访问频率具有随机性。

➢ 将爬虫程序直接访问网站变为伪装成从浏览器进行访问。

➢ 请求网站时，随机切换不同的 ip 代理进行访问。

➢ 对验证码进行识别操作。

反反爬策略中，对验证码识别具有一定的难度，再加上一些"成本"的限制，本章对验证码的识别与操作将不做介绍。识别验证码一般是开发一个能填验证码数字的功能，如果网站换一种验证码该功能就会无效。比如，将验证码中的数字进行一系列的数学运算，需要做到识别所涉及的技术非常多也非常复杂（涉及图像识别、自然语言处理等），这样的开发成本太高。一般情况下，对于有验证码的网站都可以通过降低访问频率以及使用随机切换 ip 代理实现反反爬。

网站反爬虫和爬虫程序的反反爬策略是一对盾与矛的关系，双方互相博弈，斗智斗勇。读者可以通过扫描二维码了解更多反爬与反反爬策略。

反爬与反反爬
策略

5.1.2 Scrapy 设置实现反反爬

Scrapy 可以通过许多方式来模拟自然人访问的行为。一般情况下需要在 Scrapy 的配置文件 settings.py 和中间件模块 middlewares.py 中进行设置。

1. 模拟自然人访问频率

在 Scrapy 爬虫框架中，可以通过设置爬取间隔和设置并发爬取量来模拟自然人的访问频率。相关设置如表 5-1 所示。

表 5-1　爬取间隔和并发爬取量相关设置

设置字段	默认值	说明
DOWNLOAD_DELAY	0	单位秒，爬取间隔（0.5~1.5）×DOWNLOAD_DELAY
CONCURRENT_REQUESTS	16	Scrapy downloader 并发请求的最大值
CONCURRENT_REQUESTS_PER_DOMAIN	8	对单个网站进行并发请求的最大值
CONCURRENT_REQUESTS_PER_IP	0	对单个 IP 进行并发请求的最大值

DOWNLOAD_DELAY 是控制爬取间隔的设置，它存在一定的随机性，比如将这个

字段设置为 2 时，实际上 Scrapy 的每一次请求会随机间隔 1～3s，而不是一直稳定在 2s，这样能更好地模拟自然人的访问频率。

如果 CONCURRENT_REQUESTS_PER_IP 这个值设置为非 0 的数，那么 Scrapy 框架将忽略 CONCURRENT_REQUESTS_PER_DOMAIN 的设置，使用该设定。也就是说，并发限制将针对 ip 而不是针对网站。

示例 5-1

设置爬虫模拟自然人访问频率，目标网站为 Quotes to Scrape 网站，爬取网页中 class 为 text、author、tags 标签中的文本信息。

关键步骤如下。

（1）在 spider 文件中编写爬取逻辑。

（2）在 settings.py 中设置抓取间隔为 1s，设置 CONCURRENT_REQUESTS 为 8。

关键代码如下。

spider 文件中：

```
import Scrapy
class QuotesSpider(Scrapy.Spider):
    name="quotes"
    allowed_domains=["quotes.toscrape.com"]
    start_urls=['...']
    def parse(self,response):
        quotes=response.css('.quote')
        for quote in quotes:
            item=QuoteItem()
            text=quote.css('.text::text').extract_first()
            author=quote.css('.author::text').extract_first()
            tags=quote.css('.tags .tag::text').extract()
            print(author)
            print(tags)
            print(text)
        next=response.css('.pager .next a::attr(href)').extract_first()
        url=response.urljoin(next)
        yield Scrapy.Request(url=url,callback=self.parse)
```

在 settings.py 中：

```
DOWNLOAD_DELAY=1
CONCURRENT_REQUESTS=8
```

输出结果如图 5.1 和图 5.2 所示。

从输出结果的日志中可以看出，settings.py 中的设置已经生效。可以通过更改这些设置来直观地感受获取数据速度的变化。

```
[scrapy.crawler] INFO: Overridden settings: {'BOT_NAME': 'example1', 'CONCURRENT_REQUESTS': 8, 'DOWNLOAD_DELAY': 1, 'NEWSPIDER_MODULE': 'example1.spiders', 'SPIDER_MODULES': ['example1.spiders']}
```

图5.1　示例5-1输出结果1

```
Albert Einstein
['change', 'deep-thoughts', 'thinking', 'world']
"The world as we have created it is a process of our thinking. It cannot be changed without changing our thinking."
J.K. Rowling
['abilities', 'choices']
"It is our choices, Harry, that show what we truly are, far more than our abilities."
Albert Einstein
['inspirational', 'life', 'live', 'miracle', 'miracles']
"There are only two ways to live your life. One is as though nothing is a miracle. The other is as though everything is a
miracle."
Jane Austen
['aliteracy', 'books', 'classic', 'humor']
"The person, be it gentleman or lady, who has not pleasure in a good novel, must be intolerably stupid."
Marilyn Monroe
['be-yourself', 'inspirational']
"Imperfection is beauty, madness is genius and it's better to be absolutely ridiculous than absolutely boring."
Albert Einstein
['adulthood', 'success', 'value']
"Try not to become a man of success. Rather become a man of value."
```

图5.2   示例5-1输出结果2

2. 自定义 User-Agent 进行请求

用户代理（User-Agent，UA）是一个特殊字符串头，它使服务器能够识别用户使用的操作系统及版本、CPU 类型、浏览器及版本、浏览器渲染引擎、浏览器语言、浏览器插件等内容。User-Agent 在一个 HTTP 请求中是随着请求的头部作为头部中的一个属性传递给服务器的，服务器可以通过该属性判断用户是否是通过浏览器进行的访问。

使用 Scrapy 进行 HTTP 请求的时候，在它的请求头部中，UA 的默认值为 Scrapy/(版本号)(+Scrapy 官网地址)，如图 5.3 所示。

```
In[2]: request.headers
Out[1]:
{b'Accept': b'text/html,application/xhtml+xml,application/xml;q=0.9,*/*;q=0.8',
 b'Accept-Encoding': b'gzip,deflate',
 b'Accept-Language': b'en',
 b'User-Agent': b'Scrapy/1.5.0 (+https://          )'}
```

图5.3   Scrapy默认UA

而正常的浏览器（以 Chrome 浏览器为例）请求头部中，UA 的值为 Mozilla/5.0 (Windows NT 6.1;WOW64) AppleWebKit/537.36 (KHTML,like Gecko) Chrome/68.0.3440.106 Safari/537.36，查看方式如图 5.4 所示。

浏览器能很轻易通过请求头部中的 UA 属性来做一些筛选，所以在使用 Scrapy 开发爬虫程序的时候，可以通过修改 UA 来实现伪装成正常的浏览器访问的行为。在 Scrapy 中进行自定义 UA 的操作有很多，通常使用下列两种方式。

➢ 在构造 Request 对象的时候进行自定义。

➢ 在 settings.py 文件中设置 DEFAULT_REQUEST_HEADERS，在字典中填入 "User-Agent" 以及它所对应的值。

在 Scrapy 中，可以在 spider 中构造 Request 对象时添加 headers 参数，并在参数中自定义设置 "User-Agent"。在 Scrapy 框架的数据流中，还可以在 DownloaderMiddlewares 内对 Request 对象进行修改，可以在该中间件类中自定义设置 Request 对象的 "User-Agent" 属性，但是一定不要忘记在 settings.py 中将该中间件类激活。

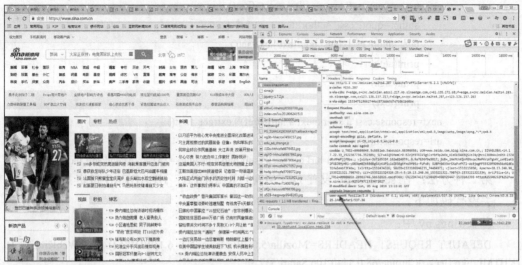

（a）全局位置示意

▼ Request Headers　view source

　Accept: text/html,application/xhtml+xml,application/xml;q=0.9,image/webp,image/apng,*/*;q=0.8
　Accept-Encoding: gzip, deflate
　Accept-Language: zh-CN,zh;q=0.9
　Cache-Control: max-age=0
　Host: quotes.toscrape.com
　Proxy-Connection: keep-alive
　Upgrade-Insecure-Requests: 1
　User-Agent: Mozilla/5.0 (Windows NT 6.1; WOW64) AppleWebKit/537.36 (KHTML, like Gecko) Chrome/68.0.3440.106 Safari/537.36

（b）局部放大示意

图5.4　查看UA

示例 5-2

在示例 5-1 的基础上，使用两种方法自定义 UA 进行访问，将 UA 设置为计算机中浏览器的默认 UA。

第一种方法：在 spider 中构造 Request 对象时自定义 UA。

关键代码如下。

在 spider 中：

```
import Scrapy
class QuotesSpider(Scrapy.Spider):
    name="quotes"
    #allowed_domains=["quotes.toscrape.com"]
    start_urls=['…']
    ua='Mozilla/5.0(Windows NT 6.1;WOW64)AppleWebKit/537.36(KHTML,like Gecko)Chrome
/68.0.3440.106 Safari/537.36'
    def parse(self,response):
        quotes=response.css('.quote')
        for quote in quotes:
```

```
                    text=quote.css('.text::text').extract_first()
                    author=quote.css('.author::text').extract_first()
                    tags=quote.css('.tags .tag::text').extract()
                    print(author)
                    print(tags)
                    print(text)
                next=response.css('.pager .next a::attr(href)').extract_first()
                url=response.urljoin(next)
                yield Scrapy.Request(url=url,callback=self.parse,headers={'User-Agent':self.ua})
```

第二种方法：在 settings.py 设置 DEFAULT_REQUEST_HEADERS 自定义 UA。

关键代码如下。

在 settings.py 中：

DEFAULT_REQUEST_HEADERS='Mozilla/5.0(Windows NT 6.1;WOW64)AppleWebKit/537.36(KHTML,like Gecko)Chrome/68.0.3440.106 Safari/537.36'

输出结果如图 5.5 所示。

```
"A day without sunshine is like, you know, night."
{b'User-Agent': [b'Mozilla/5.0 (Windows NT 6.1; WOW64) AppleWebKit/537.36 (KHTML, like Gecko) Chrome/68.0.3440.106 Safari/5
37.36'], b'Referer': [b'http://quotes.toscrape.com/'], b'Accept': [b'text/html,application/xhtml+xml,application/xml;q=0.9,
*/*;q=0.8'], b'Accept-Language': [b'en']}
2019-01-26 15:14:29 [scrapy.core.engine] DEBUG: Crawled (200) <GET http://quotes.toscrape.com/page/2/> (referer: http://quo
tes.toscrape.com/)
Marilyn Monroe
['friends', 'heartbreak', 'inspirational', 'life', 'love', 'sisters']
```

图5.5　示例5-2输出结果

自定义设置了 UA 可以伪装成浏览器对网站进行访问，但是同一个 UA 一直对该网站进行访问，也会引起服务器怀疑，所以，很多时候都是随机在 UA 池中挑选 UA 进行网页的请求，这样能够更高程度地进行伪装。

示例 5-3

在示例 5-1 的基础上，设置随机 UA 进行爬虫伪装。

步骤如下。

（1）建立 User-Agent 池，在每次发送 Request 之前，从 UA 池中随机选取一项设置为 Request 的 UA。

（2）编写 UserAgent 中间件的基类，自定义 RotateUserAgentMiddleware 类，它继承自 UserAgentMiddleware 类。

（3）在 settings.py 文件中进行相应设置，在 DOWNLOADER_MIDDLEWARES 中启用自定义 UserAgent 中间件类，并且禁止 Scrapy 默认的 UserAgent 中间件。

关键代码如下。

在 middlewares.py 文件中：

```
from Scrapy import signals
import random
class RotateUserAgentMiddleware(object):
    def process_request(self,request,spider):
```

```
        this_ua=random.choice(self.ua)
        request.headers['User-Agent']=this_ua
        print(request.headers['User-Agent'])
    ua=[
        'MSIE(MSIE 6.0;X11;Linux;i686)Opera 7.23',
        'Opera/9.20(Macintosh;Intel Mac OS X;U;en)',
        'Opera/9.0(Macintosh;PPC Mac OS X;U;en)',
        'iTunes/9.0.3(Macintosh;U;Intel Mac OS X 10_6_2;en-ca)',
        'Mozilla/4.76 [en_jp](X11;U;SunOS 5.8 sun4u)',
        'iTunes/4.2(Macintosh;U;PPC Mac OS X 10.2)',
    ]
```

在 settings.py 文件中：

```
DOWNLOADER_MIDDLEWARES={
    'example1.middlewares.RotateUserAgentMiddleware': 543,
}
```

输出结果如图 5.6 所示。

```
Allen Saunders
b'iTunes/9.0.3 (Macintosh; U; Intel Mac OS X 10_6_2; en-ca)'
2019-01-26 15:42:11 [scrapy.core.engine] DEBUG: Crawled (200) <GET http://quotes.toscrape.com/page/3/>
tes.toscrape.com/page/2/)
Pablo Neruda
Ralph Waldo Emerson
Mother Teresa
Garrison Keillor
Jim Henson
Dr. Seuss
Albert Einstein
J.K. Rowling
Albert Einstein
Bob Marley
b'Opera/9.20 (Macintosh; Intel Mac OS X; U; en)'
2019-01-26 15:42:12 [scrapy.core.engine] DEBUG: Crawled (200) <GET http://quotes.toscrape.com/page/4/>
```

图5.6　示例5-3输出结果

提示

　　在 Python 中，除了自己去找一些有效的 UA 来实现动态 UA 之外，还可以使用第三方库 fake-useragent 自动生成随机的有效 UA，只需要在 UserAgent 类下，调用对象的 random()方法，就可以随机得到一个有效 UA。

3. 设置 ip 代理进行网络请求

　　在介绍网站反爬虫常用方法时已经提到，许多网站通过对 ip 的封禁来达到反爬虫的目的，而每一台能联网的计算机都有一个固定的 ip 地址，也就是说一个 ip 对应着一个网络使用者。真实的自然人（也可以说同一个 ip 地址）不会长时间地大量浏览某一个网站。所以为了更好地模拟自然人的行为，我们可以使用 HTTP 的代理技术。通过代理 ip 去请求服务器，服务器就不会觉得是同一个人在访问它的网站。

　　代理服务器的功能就是代理网络用户去取得网络信息。它是介于浏览器和 Web 服务器之间的一台服务器，有了它之后，就可以不直接通过本地机（本地 ip）去请求 Web 服务器，而是先由本地机向代理服务器发送请求，然后通过代理服务器（代理服务器的 ip）去请求 Web 服务器。通过代理请求流程如图 5.7 所示。

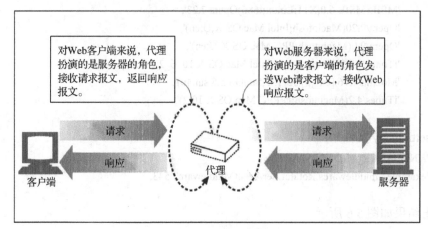

图5.7 ip代理请求网站流程

在 Scrapy 中设置 ip 代理进行网络请求与自定义 User-Agent 进行请求非常相似，都可以在 DownloaderMiddleware 中对 Request 对象的属性进行修改。

示例 5-4

在示例 5-3 的基础上，设置爬虫通过 ip 代理去请求网页。

步骤如下。

（1）建立 ip 池，在每次发送 Request 之前，从 ip 代理池中随机选取一项设置为 Request 的 ip。

（2）自定义 MyproxiesSpiderMiddleware 类，重写它的 process_request()方法，去构造 Request 对象。

（3）在 settings.py 文件中进行相应设置，在 DOWNLOADER_MIDDLEWARES 中启用自定义 MyproxiesSpiderMiddleware 类和 Scrapy 默认的 HTTP 代理中间件类，并且前者优先级高于后者。

关键代码如下。

Middlewares.py 模块内：

```
from Scrapy import signals
import random
from Scrapy import signals
class MyproxiesSpiderMiddleware(object):
    def _init_(self,ip=''):
        self.ip=ip
    def process_request(self,request,spider):
        thisip=random.choice(self.IPPOOL)
```

```
            print("this is ip:"+thisip["ipaddr"])
            request.meta["proxy"]="http://"+thisip["ipaddr"]
        IPPOOL=[
            {"ipaddr": "110.52.235.74:9999"},
            {"ipaddr": "58.55.129.204:9999"},
            {"ipaddr": "113.13.160.102:9999"},
            {"ipaddr": "219.228.126.86:8123"},
            {"ipaddr": "61.152.81.193:9100"},
            {"ipaddr": "218.82.33.225:53853"},
            {"ipaddr": "223.167.190.17:42789"}
        ]
```

Settings.py 模块内：

```
DOWNLOADER_MIDDLEWARES={
    'Scrapy.contrib.downloadermiddleware.httpproxy.HttpProxyMiddleware':543,
    'example2.middlewares.MyproxiesSpiderMiddleware':125
}
```

输出结果如图 5.8 所示。

```
this is ip:110.52.235.74:9999
                    [scrapy.core.engine] DEBUG: Crawled (200) <GET http://quotes.toscrape.com/> (referer: None)
Albert Einstein
J.K. Rowling
Albert Einstein
Jane Austen
Marilyn Monroe
Albert Einstein
André Gide
Thomas A. Edison
Eleanor Roosevelt
Steve Martin
this is ip:58.55.129.204:9999
                    [scrapy.downloadermiddlewares.retry] DEBUG: Retrying <GET http://quotes.toscrape.com/page/2/> (failed
 times): Connection was refused by other side: 10061: 由于目标计算机积极拒绝，无法连接。.
this is ip:58.55.129.204:9999
                    [scrapy.downloadermiddlewares.retry] DEBUG: Retrying <GET http://quotes.toscrape.com/page/2/> (failed
 times): Connection was refused by other side: 10061: 由于目标计算机积极拒绝，无法连接。.
this is ip:113.13.160.102:9999
2019-01-26 16:15:54 [scrapy.core.engine] DEBUG: Crawled (200) <GET http://quotes.toscrape.com/page/2/> (referer: http://
tes.toscrape.com/)
Marilyn Monroe
J.K. Rowling
Albert Einstein
Bob Marley
```

图5.8　示例5-4输出结果

注意

　　在 ip 池内设置的 ip 短暂有效，现在已经无法使用，建议读者重新寻找有效的 ip 代理来替换代码中 ip 池内的 ip 代理。

5.1.3　技能实训

　　使用反反爬虫策略抓取新浪新闻网站首页内所有的新闻，抓取要求如下。

（1）抓取"新闻标题"和"新闻内容"两个字段，并打印在控制台中。

（2）设置下载间隔为 1s。

（3）随机从 UA 池中抽取 UA，进行自定义 UA 抓取。

（4）随机从 ip 池中抽取代理 ip，进行自定义代理 ip 进行抓取。

UA 池列表参考：

'MSIE(MSIE 6.0;X11;Linux;i686)Opera 7.23',

'Opera/9.20(Macintosh;Intel Mac OS X;U;en)',

'Opera/9.0(Macintosh;PPC Mac OS X;U;en)',

'iTunes/9.0.3(Macintosh;U;Intel Mac OS X 10_6_2;en-ca)',

'Mozilla/4.76 [en_jp](X11;U;SunOS 5.8 sun4u)',

'iTunes/4.2(Macintosh;U;PPC Mac OS X 10.2)',

ip 池可使用免费代理与收费代理，需要读者自行获取。

任务 2 学习 Scrapy 框架中更多常用的设置

【任务描述】

在使用 Scrapy 框架开发爬虫的过程中，还可能遇到各种各样的问题与状况。本任务会通过设置 Cookie 去抓取需要登录的网站，并且会介绍更多常用的设置，以开发出适用场景更多，运行更稳定的爬虫。

【关键步骤】

（1）了解 Cookie。

（2）使用 Cookie 使爬虫突破登录限制。

（3）Scrapy 设置 URL 去重。

（4）Scrapy 设置完整头部。

（5）Scrapy 设置访问超时。

5.2.1 抓取需要登录的网站

在真实的情况和爬虫需求下，需要抓取的内容往往在使用账号登录之后才能访问到。我们通常的做法是使用 POST 请求方法，将账号密码传递到服务器进行请求，之后再去获取目标内容和数据。但是这样有可能每一次访问都需要用账号密码登录一次，比较麻烦，也会影响效率。这时如果在请求中加上 Cookie，就可以不用做登录的操作，而直接获取只有登录之后才能访问到的内容。

1. 认识 Cookie

由于 HTTP 是一种无状态的协议，服务器单从网络连接上无从知道客户身份。这时如果有些内容服务器要求客户登录之后才能查看，那么每一次用户想要查看到内容都需要做一次登录的操作，这样就会让用户感到很烦琐，影响用户体验。Cookie 技术正是在这种情形下应运而生。

Cookie 实际上是一小段文本信息。客户端请求服务器，如果服务器需要记录该用户状态，就通过 response 向客户端浏览器颁发一个 Cookie；客户端浏览器会把这个 Cookie 保存起来；当浏览器再次请求该网站时，浏览器把请求的网址连同该 Cookie 一同提交给服务器；服务器检查该 Cookie，以此来辨认用户状态，服务器还可以根据需要修改 Cookie 的内容。许多需要登录的网站都是通过 Cookie 来记录用户的状态，用户只需要在第一次登录网站时输入用户名密码，下一次再访问网站时则不用输入用户名密码就直接可以访问需要登录才能查看到的内容。HTTP 请求传递 Cookie 的过程如图 5.9 所示。

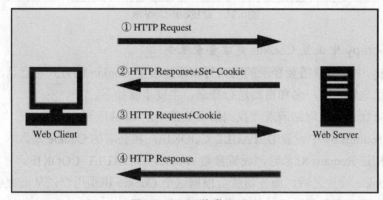

图5.9　HTTP传递Cookie

Cookie 经常用于保持用户登录状态，但是它也具有有效性。有效性的时长不固定，最短的可能在浏览器关闭后就失效了，最长的可以一直保持直到 Cookie 被删除。查看 Cookie 的方式：可以通过浏览器的 Network 监听功能，找到请求页面，查看请求头部中的 Cookie 属性，如图 5.10 所示；初次登录网站，服务器会在响应头部中返回 Cookie 值，并保存在浏览器中，查看响应头部中的 Cookie 值，可以在登录网站后查看响应头部中的 Set-Cookie 属性，如图 5.11 所示。

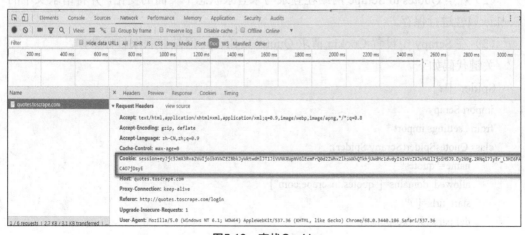

图5.10　查找Cookie

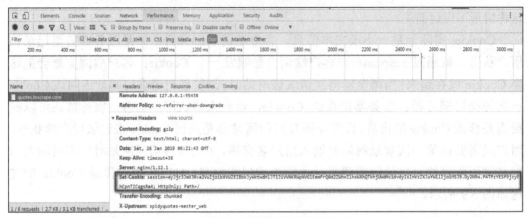

图5.11　查找Set-Cookie

2. 在 Scrapy 中设置 Cookie 突破登录限制

在 Scrapy 中，抓取需要登录的网站可以通过设置 Cookie 的方式进行请求，它的优点是无须频繁地输入用户名和密码进行登录，主要步骤如下。

（1）监听登录后的网站请求，找到请求头部中的 Cookie 属性。

（2）在 settings.py 中设置 DEFAULT_COOKIE，将获取的 Cookie 写入。

（3）在构造 Request 对象时，设置参数 cookies=DEFAULT_COOKIE。

进行 Cookie 设置之后，服务器就会根据这个 Cookie 识别用户，从而突破登录的限制，自由地去请求需要登录后才能查看到的内容。

示例 5-5

在 Quotes to Scrape 网站中，每个名人条目中还包含一个"Goodreads page"详情页，但是该详情页需要登录后才能够查看，现在需要获取所有"Goodreads page"对应的 URL，将它输出打印到控制台中。

关键步骤如下。

（1）在 Quotes to Scrape 网站的登录界面中随意输入账号密码进行登录。

（2）观察 Quotes to Scrape 网站在登录与未登录状态下页面的变化，并将请求头中的 Cookie 属性进行保存。

（3）在 Scrapy 中设置 Cookie 请求 Quotes to Scrape 网站并获取目标数据。

关键代码如下。

Spider 中：

```
import Scrapy
from ..settings import *
class QuotesSpider(Scrapy.Spider):
    name="quotes"
    allowed_domains=["quotes.toscrape.com"]
    start_urls=['…']
    def parse(self,response):
        quotes=response.xpath('//div[@class="quote"]')
```

```
            for quote in quotes:
                content=quote.xpath('./span[2]/a[2]/@href').extract_first()
                print(content)
            next=response.css('.pager .next a::attr(href)').extract_first()
            url=response.urljoin(next)
            yield Scrapy.Request(url=url,callback=self.parse,cookies=DEFAULT_COOKIE)
```

Settings.py 中：

```
DEFAULT_REQUEST_HEADERS={
"Accept": "text/html,application/xhtml+xml,application/xml;q=0.9,image/webp,image/apng,*/*;q=0.8",
"Accept-Encoding": "gzip,deflate",
"Accept-Language": "zh-CN,zh;q=0.9,en;q=0.8",
"Connection": "keep-alive",
"Host": "quotes.toscrape.com",
"Referer": "…",
"Upgrade-Insecure-Requests": "1",
"User-Agent": "Mozilla/5.0(Windows NT 6.1;Win64;x64)AppleWebKit/537.36(KHTML,like Gecko)
Chrome/65.0.3325.146 Safari/537.36"
}
DEFAULT_COOKIE={
"session":"eyJjc3JmX3Rva2VuIjoibXVWZEZBbkJyWktwdHlJT1JiVVNKRWpNVGlEeemFrQ0d2ZW
hxZlhsWXhQTkhjUWdMc1dvdyIsInVzZXJuYW1lIjoiMSJ9.Dy2YEQ.KCgX36bgxI15hmhHuprRMLpqay0"
}
```

输出结果如图 5.12 所示。

```
[scrapy.core.engine] DEBUG: Crawled (200) <GET http://quotes.toscrape.com/page/2/>
tes.toscrape.com/)
http://goodreads.com/author/show/82952.Marilyn_Monroe
http://goodreads.com/author/show/1077326.J_K_Rowling
http://goodreads.com/author/show/9810.Albert_Einstein
http://goodreads.com/author/show/25241.Bob_Marley
http://goodreads.com/author/show/61105.Dr_Seuss
http://goodreads.com/author/show/4.Douglas_Adams
http://goodreads.com/author/show/1049.Elie_Wiesel
http://goodreads.com/author/show/1938.Friedrich_Nietzsche
http://goodreads.com/author/show/1244.Mark_Twain
http://goodreads.com/author/show/276029.Allen_Saunders
```

图5.12　示例5-5输出结果

可以看出，只有登录才能被查看到的内容，已经被抓取下来。

注意

　　在 settings.py 中设置 DEFAULT_COOKIE 时需要将 Cookie 进行解析，直接赋值获取的 Cookie 是一个字符串，我们需要将它解析为一个键值对字典。这个 Cookie 字符串通常使用 "；" 来区分键值对，在每一个键值对中通过 "=" 来区分 key（键）和 value（值）。

5.2.2 Scrapy 常用扩展设置

使用 Scrapy 开发爬虫程序的过程中，还有许多有用的设置可以优化爬虫程序，本小节将介绍 3 个常用的设置，它们分别是设置完整的请求 headers、URL 去重设置和抓取超时设置。

1. 设置完整请求 headers

在 HTTP 请求中已经介绍过，在请求头 headers 中添加 User-Agent 属性，可以模拟自然人通过浏览器的方式访问网页，但是在真正的请求头 headers 中，它还会向服务器传递更多的属性，例如，主机名 Host 属性、引用 Referer 属性、接收内容 Accept 属性等。如果将这些属性都一并传递给服务器，能更好地模拟自然人浏览的情况。可以通过 network 监听中查看响应的请求头部可以获取这些属性信息。

在 Scrapy 设置完整请求头 headers 的步骤如下。

（1）在网站中找到响应的请求头，将传递的属性复制下来。

（2）在 settings.py 文件中设置 DEFAULT_REQUEST_HEADERS，将复制下来的内容以键值对的形式放到 DEFAULT_REQUEST_HEADERS 这个字典中。如图 5.13 所示。

 注意

> 在 Scrapy 中，设置请求头部的方法比较多，如果在 settings.py 中设置了 DEFAULT_REQUEST_HEADERS 属性，又同时在 spider 中构造 Request 对象时设置了 headers 属性，那么 settings.py 中的设置将被覆盖，将以 Request 对象中实际的 headers 为准。

```
DEFAULT_REQUEST_HEADERS = {
"accept":
"text/html,application/xhtml+xml,application/xml;q=0.9,image/webp,image/apng,*/*;q=0.8",
"accept-encoding": "gzip, deflate, br",
"accept-language": "zh-CN,zh;q=0.9,en;q=0.8",
"cache-control": "max-age=0",
"upgrade-insecure-requests": "1",
"user-agent": "Mozilla/5.0 (Windows NT 6.1; Win64; x64) AppleWebKit/537.36 (KHTML, like
Gecko) Chrome/65.0.3325.146 Safari/537.36"}
```

图5.13 DEFAULT_REQUEST_HEADERS

2. URL 去重

在爬虫的开发过程中，URL 去重也是非常重要的操作。URL 去重能避免爬虫重复抓取相同的 URL，更加节省带宽流量，提高抓取效率。

在 Scrapy 爬虫框架内，URL 去重是一项默认的设置，也就是说 Scrapy 自带 URL 去重，在 settings.py 配置文件中，DUPEFILTER_CLASS="Scrapy.dupefilter.RFRDupeFilter"，

这个设置项是默认开启的，它依赖框架底层自定义的"finger_print"指纹对象去重。默认在 spider 中构造 Request 对象时，它有一个参数"donot_filter"的默认值为"False"，表示每次构造 Request 对象之后都会生成一个 finger_print 对象，并将其保存起来用以去重。如果之后构造 Request 对象时，生成的 finger_print 已经存在，那么爬虫将不会进行该请求。

在某一些特定情况下，我们可能不想让爬虫进行去重，这时只须在构造 Request 对象时，将参数"donot_filter"设置为"True"即可。

3. 抓取超时设置

在爬虫爬取时，可能会出现某一次请求访问无响应，或者因为网络问题响应非常慢，导致爬虫陷入"假死"状态。假死状态可能导致爬虫停滞或者直接导致爬虫的中断，最终使爬取失败。为了避免出现假死状态，需要设置一个主动放弃的机制，也就是当抓取某一个网页的时间超过了阈值时，就放弃抓取该网页。

在 Scrapy 框架中，对抓取超时的设置也非常简单，只须在 settings.py 中添加设置项 DOWNLOAD_TIMEOUT 设置时间阈值即可，该设置默认时间为 180s，也可以自定义进行设置。读者可以通过扫描二维码查看更多 Scrapy 设置扩展。

Scrapy 设置
扩展

本章小结

➢　大多数网站设置反爬虫不是因为它们讨厌所有的爬虫，而是因为它们讨厌"不礼貌"的爬虫。粗暴的爬虫会对网站的服务器造成很大的压力。

➢　反反爬虫策略的核心就是将爬虫尽可能地伪装成自然人的行为去访问网站。可以通过设置动态 User-Agent、设置动态 ip 代理、限制访问速度等实现这一目的。

➢　在 Scrapy 爬虫框架内实现反反爬，主要是构造 Request 对象，使每次的请求都能获取不同的 UA 或者 ip，并且每次请求间隔一定的时间，从而使服务器很难发现访问它们的"人"其实是爬虫。

➢　在抓取需要登录的网站时，Scrapy 可以通过设置 Cookie 来突破登录的限制。

➢　Scrapy 框架内还有一些非常有用的常用设置，例如，设置完整的请求 headers、设置 URL 去重、设置抓取超时等。

本章作业

一、简答题

1．简述网站设置反爬虫的最主要的原因。

2．简述通过 ip 代理请求网站的流程。

3．简述 HTTP 请求中设置 Cookie 的流程。

二、编码题

1．通过 Scrapy 的中间件设置爬虫的 UA，爬取搜狐首页，并在控制台输出页面上所有的 a 标签的 URL。

2．使用 Scrapy 爬取 Boss 直聘网站的信息。已知 Boss 直聘的反爬虫限制包括 ua 验证和 ip 请求频率/次数限制。设置动态 ua 和动态 ip 抓取 Boss 直聘网站的信息。

（1）岗位搜索关键字：机器学习、深度学习、图像算法、图像处理、语音识别、图像识别、算法研究员、数据挖掘、数据分析师。

（2）爬取每个搜索关键字的列表前 2 页的招聘信息，进入每个招聘信息的详情页，从详情页中提取以下信息（招聘名称、职位信息、薪资、经验要求、学历要求、公司名称、公司行业、公司人数、公司概况、公司融资阶段）并保存到 CSV 文件中。

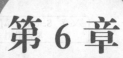

第 6 章

Selenium+浏览器 加载动态数据

技能目标

➢ 掌握使用 Selenium 加载网页定位元素并提取数据的方法。

➢ 掌握 Selenium+第三方浏览器驱动组合抓取动态网页并提取
数据的方法。

本章任务

任务 1：使用 Selenium 和第三方浏览器驱动完成搜狐网页信息爬取。

任务 2：使用 Selenium+Chrome+Scrapy 完成京东商品信息爬取。

本章资源下载

任务1：使用Selenium和第三方浏览器驱动完成搜狐网页信息爬取
　6.1.1　静态网页与动态网页
　6.1.2　爬虫抓取动态网页的常用方法
　6.1.3　Selenium+Chrome driver
　6.1.4　技能实训

第6章　Selenium+浏览器加载动态数据

任务2：使用Selenium+Chrome+Scrapy完成京东商品信息爬取
　6.2.1　Selenium的使用
　6.2.2　Selenium提高效率的方法
　6.2.3　技能实训

在开发爬虫抓取数据的过程中，使用解析 HTML 页面来获取数据这一方式会出现无法正确获取到数据，但数据又确确实实显示在网页上的情况。这很有可能是因为网页上的数据是以动态加载的形式进行加载显示的，这时解析网页的 HTML 页面是无法获取到正确数据的。本章将详细讲解应该如何解决爬虫中遇到的这类问题。

任务 1　使用 Selenium 和第三方浏览器驱动完成搜狐网页信息爬取

【任务描述】

本任务将从静态网页与动态网页的介绍开始，讲解为什么动态加载的数据是解析 HTML 页面所无法获取的。之后会介绍两种解决方案，用于开发爬虫的过程中顺利解析动态加载的数据，最后会使用 Selenium 工具结合 Chrome 浏览器驱动访问搜狐网页。

【关键步骤】

（1）了解静态网页与动态网页的请求流程。

（2）了解抓取动态网页的常用方法。

（3）了解 Selenium 及 Chrome driver。

（4）使用 Selenium+Chrome driver 访问网页。

6.1.1　静态网页与动态网页

静态网页不是指网页中的元素都是静止不动的，而是指网页文件中没有动态执行的程序代码，只有 HTML 标记。可以认为静态网页中显示的数据和内容都可以从 HTML 中找到，而动态网页中不仅有 HTML 标记，还包括一些实现特定功能的程序代码，如果该特定功能是动态的请求数据，就无法从 HTML 中直接获取。

1. 浏览器请求服务器的流程

获取动态网页中加载的数据，首先需要清楚地了解浏览器请求服务器的流程。

通俗地说，在浏览器的网页栏中输入一个网址，从按下回车到浏览器页面显示出内容，经过以下几个步骤。

（1）浏览器发送 HTTP/HTTPS 请求到网站服务器。

（2）网站服务器返回 HTML 源码给浏览器。

（3）HTML 源码中，还会请求如 css、js 和 image 等文件。当浏览器在获取 HTML 之后，会依次向服务器继续请求资源。

（4）浏览器执行 js 和 css 等文件。

（5）浏览器渲染最终的 HTML，得到精美的网页。

在爬虫开发过程中，爬虫可以模拟浏览器向服务器发送请求。我们在前面的章节中所介绍的爬虫，只是接收了服务器返回的 HTML 源码，并没有对其进行渲染或执行 HTML 源码内的程序。也就是使用爬虫去爬取一个网页，只实现了上述的步骤（1）和（2），并没有实现和完成步骤（3）～（5）。所以如果我们所需的是动态加载的数据，就需要完成步骤（3）～（5），只解析 HTML 页面是不够的。

判断数据是否是静态的，即是否能通过解析原 HTML 源码获取，可以通过浏览器分别查看渲染前和渲染后的 HTML 源码并对其进行比较，如果渲染前后的 HTML 源码都可以找到数据，就说明数据是静态加载的。

查看渲染前的 HTML 源码，也就是上述步骤（2）中服务器返回的 HTML 源码，如图 6.1 和图 6.2 所示，右键选择查看网页源代码。

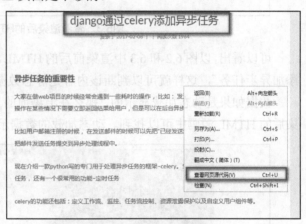

图6.1　查看网页源代码

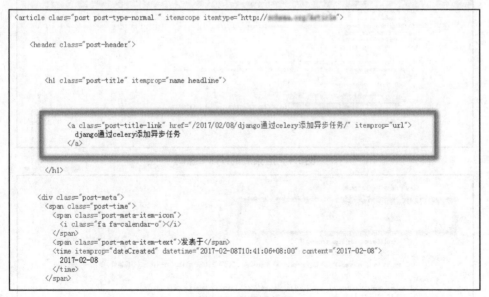

图6.2　网页源代码

查看渲染后的 HTML 源码，也就是上述步骤（5）渲染之后的 HTML 源码，如图 6.3 所示，右键选择检查，选取"elements"标签选项。

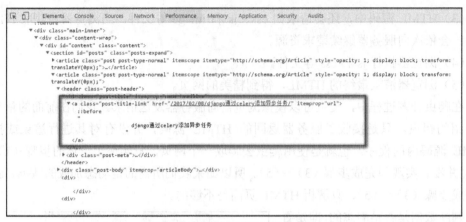

图6.3　查看渲染后的HTML源码

可以看出，以图 6.2 和 6.3 中渲染前后的 HTML 源码中都可以找到"django 通过 celery 添加异步任务"，这样就可以判断该内容是静态数据。

数据如果是动态加载显示的，那么在渲染前的 HTML 源码中将无法找到，但是在渲染后的 HTML 源码中可以找到。动态加载的数据示例如图 6.4 和图 6.5 所示。

图6.4　渲染后的HTML源码

图6.5　网页源代码

可以看出，在图 6.4 渲染后的 HTML 源码中可以找到"359.00"这个价格字样，而在图 6.5 中没有出现"359.00"这个具体的价格字样，这种情况实际就是动态加载的数据造成的。

2. 动态网页的请求流程

动态网页的请求可以由图 6.6 所示来描述。

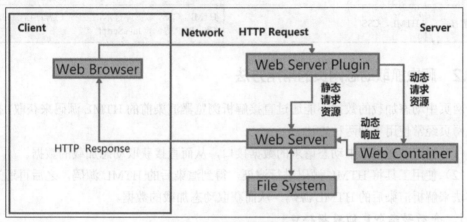

图6.6　动态网页请求流程

在图 6.6 中，主要有以下步骤。

（1）"Web browser"浏览器通过网络向服务器发送请求。

（2）经过"Web server plugin"服务器工具判断该请求是静态的请求资源还是动态的请求资源。

（3）如果是静态的请求资源，那么"Web server"服务器直接去"file system"文件系统取出浏览器所需的资源，通过 HTTP Response 将内容返回给浏览器。如果是动态的请求资源，则先通过"Web Container"访问数据库，完成从数据库中取出数据等一系列操作之后把所有的展示内容交给 Web 服务器通过 HTTP Response 将数据返回给浏览器。

实际中，动态加载的数据是非常常见的，并且动态加载的数据经常是服务器返回的 JSON 数据，它使用 AJAX 加载，通过浏览器渲染后在网页中进行显示。也就是说动态数据请求也是单独的一次 HTTP 请求。可以通过浏览器的网络监听功能查看到这些动态请求，获取动态数据。

3. 静态网页与动态网页的区别

静态网页与动态网页的区别如表 6-1 所示。

表 6-1　静态网页与动态网页的区别

	静态网页	动态网页
网页内容	网页内容固定，浏览器渲染前与渲染后的 HTML 源码一致	网页中部分内容动态生成，浏览器渲染前与渲染后的 HTML 源码不同
后缀名	.htm，.html 等	.asp，.shtm，.php，.jsp 等

续上表

	静态网页	动态网页
优点	无须系统实时生成，网页灵活多样，打开网页速度快	日常维护简单，更改结构方便，交互性能强，可以实现一些高级功能
缺点	交互性能较差，日常维护烦琐，某些功能无法实现	需要大量的系统资源合成网页，打开网页速度相对较慢
所需技术	HTML，CSS	HTML，CSS，数据库技术，至少一门程序语言（Java、C#、PHP 等），JavaScript

6.1.2　爬虫抓取动态网页的常用方法

网页中动态加载的数据不能通过直接解析浏览器渲染前的 HTML 源码来获取，抓取动态网页经常使用下列两种方法。

（1）抓取动态网页中动态请求的数据接口，从而直接获取动态加载的数据。

（2）使用工具将 HTML 源码进行渲染，得到渲染后的 HTML 源码，之后再通过解析方法来解析渲染后的 HTML 源码，从而获取动态加载的数据。

1. 分析动态加载的数据接口

动态加载的数据可以通过浏览器的监听功能监听到，它实际也是一个网络请求，只要监听到这个动态加载数据的请求，就可以获取到数据。通常这种接口请求是使用 JSON 的格式传输数据，通过 AJAX 加载、浏览器渲染后呈现到最终的网页上，为此，可以通过解析 JSON 接口来获取数据。

分析动态加载数据的接口主要有以下 3 个步骤。

（1）判断数据是否动态加载的（网页中显示数据，但在渲染前的 HTML 源码中找不到数据）。

（2）开启"检查"，使用"Network"监听，刷新网页，寻找数据接口。

（3）查看并模拟数据接口的请求头部，对数据接口直接进行网络请求，获取目标数据。

分析动态加载数据的接口如图 6.7 和图 6.8 所示。

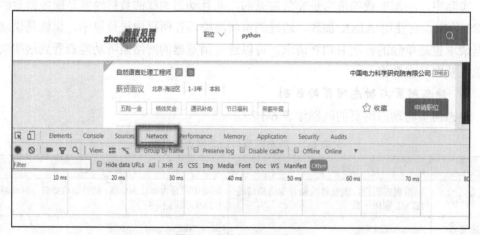

图6.7　开启Network监听

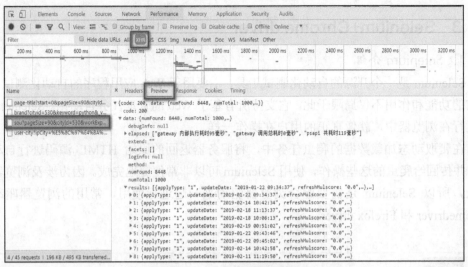

图6.8　找动态加载数据接口

首先打开 Network 进行网络监听，然后按 F5 刷新页面，这时所有页面的请求都会被 Network 监听并记录，之后筛选 XHR 文件（通常数据接口都是在这类文件中），从中寻找目标数据。

读者可以通过扫描二维码查看分析动态加载数据接口演示的视频。

分析动态加载
数据接口演示

注意

通常网站中动态加载数据是使用 AJAX 加载，而 AJAX 就是 XHR 的一种应用，所以在寻找动态数据接口时，可以通过过滤 XHR 文件来快速找到动态数据接口。

2. 使用 Selenium 结合浏览器驱动抓取数据

抓取动态加载的数据时，如果能够快速查找到数据接口，并且能够很快地分析出数据接口的规律，那么解析数据接口是一个很好的选择，其抓取速度也是很快的。但有时会遇到接口进行了加密，或者接口的 URL 没有规律导致不适合批量获取的情况，这时可以使用 Selenium 结合浏览器驱动的方式来获取动态加载的数据。

我们知道爬虫在请求的过程中只能获取服务器返回的原 HTML 源码，也就是该 HTML 源码没有被浏览器渲染，而使用 Selenium 结合浏览器驱动可以实现对原 HTML 源码进行渲染，然后爬虫再对渲染之后的 HTML 中进行解析，从而实现解析动态加载的数据。

注意

在能够快速查找到动态数据接口并且能够很快地实现自动抓取的条件下，尽量使用抓取接口的方法，因为用 Selenium 的方式比较耗时间，抓取速度会相对较慢。但是 Selenium 功能非常强大，能够模拟选择、下拉等网页操作。在解析接口困难时，可以使用 Selenium 实现数据的抓取。

6.1.3 Selenium+Chrome driver

1. Selenium 介绍

Selenium 是一个开源的自动化测试工具，主要用于 Web 应用程序的自动化测试。但是它的功能和作用不仅局限于此，它支持所有基于 Web 的管理任务自动化。Selenium 直接运行在浏览器中，就像真正的用户在操作一样。

在爬取动态加载数据的爬虫任务中，将服务器返回的原始 HTML 源码进行自动渲染，并传回给爬虫的这些操作，使用 Selenium 可以非常便捷地完成。因为涉及浏览器的渲染，所以 Selenium 还需要配合浏览器驱动来一起进行使用，常用的浏览器驱动有 Chromedriver 和 Firefox driver。

提示

> Selenium 需要配合浏览器驱动一起使用，这种使用方式消耗 CPU 和内存资源比较大，性能较低，不适用于高性能、高并发的场景。

2. Chromedriver 介绍

Chromedriver 是 google 为网站开发人员提供的自动化测试接口，它经常与 Selenium 等工具配合使用。它是一个"有界面"的浏览器驱动，是基于 Chrome 浏览器的 blink 内核进行开发的。因为在运行过程中，它会展示图形界面，所以运行起来比较慢。在使用 Selenium 结合 Chromedriver 运行时，会有如图 6.9 所示的字样提示。

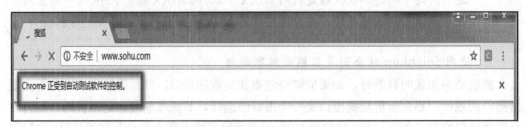

图6.9 启动Selenium和Chromedriver

3. Selenium 和 Chromedriver 的安装

（1）安装 Selenium

在命令行中输入 pip install Selenium 或在 anaconda prompt 中输入 conda install Selenium。

（2）安装 Chromedriver 浏览器驱动

下载 Chromedriver，下载地址选用国内镜像选择与本机 Chrome 浏览器版本对应的驱动进行下载，解压即可使用。

4. Selenium 的常用方法和属性

Selenium 的常用方法和属性如表 6-2 和表 6-3 所示。

表 6-2 Selenium 常用方法

方法名	说明
webdriver.Chrome()	创建 driver 对象，参数填写浏览器驱动的存放地址
get(url)	对目标 URL 发起请求
close()	关闭当前窗口，如果窗口只有一个，那么将关闭浏览器 driver
quit()	关闭所有窗口，并关闭浏览器 driver

表 6-3 Selenium 常用属性

属性名	说明
page_source	网页的渲染后 HTML 源码
current_url	当前网页的 URL

表 6-2 中的 get()、close()、quit()方法均是 driver()对象的方法，在做完所有的操作之后，需要调用相应方法关闭 driver。

表 6-3 中的 page_source 返回的是已经被渲染后的 HTML 源码，可以在源码中找到动态加载的数据。

示例 6-1

使用 Selenium+Chromedriver 访问搜狐网页，并且在控制台输出 HTML 源码和当前的网页 URL。

关键步骤如下。

（1）创建 driver 对象。

（2）使用 driver 对象访问搜狐网页。

（3）打印出 html 源码和网页 URL。

（4）关闭 driver。

关键代码如下。

```
from Selenium import webdriver
driver_path="xxx/Chromedriver.exe"
url="…"
driver=webdriver.Chrome(driver_path)
try:
    driver.get(url)
    print(driver.page_source)
    print(driver.current_url)
finally:
    driver.close()
```

输出结果如图 6.10 所示。

在代码运行的过程中，Chromedriver 会自动打开，并且请求搜狐官网地址。在 Chromedriver 关闭浏览器界面后，控制台中就可以看到打印出来的搜狐网页 HTML 源码。

```
Run   selenium_example
      D:\Anaconda3\python.exe C:/Users/yibin.rao/PycharmProjects/helloworld/selenium_example.py
      <!DOCTYPE html><html xmlns="http://           " style="font-size: 79px;"><head>
      <title>搜狐</title>
      <meta name="Keywords" content="搜狐,门户网站,新媒体,网络媒体,新闻,财经,体育,娱乐,时尚,汽车,房产,科技,图片,论坛,微博,博客,视频,电影,电
      <meta name="Description" content="搜狐网为用户提供24小时不间断的最新资讯，及搜索、邮件等网络服务。内容包括全球热点事件、突发新闻、时事评
      <meta name="shenma-site-verification" content="1237e4d02a3d8d73e96cbd97b699e9c3_1504254750" />
      <meta name="data-spm" content="smpc" />
      <meta charset="utf-8" />
      <meta http-equiv="X-UA-Compatible" content="IE=Edge,chrome=1" />
      <meta name="renderer" content="webkit" />
      <meta name="viewport" content="width=device-width, initial-scale=1,maximum-scale=1" />
      <link rel="icon" href="//statics.itc.cn/web/static/images/pic/sohu-logo/favicon.ico" type="image/x-icon" />
      <link rel="shortcut icon" href="//statics.itc.cn/web/static/images/pic/sohu-logo/favicon.ico" type="image/x-icon" />
      <link rel="apple-touch-icon" sizes="57x57" href="//statics.itc.cn/web/static/images/pic/sohu-logo/logo-57.png" />
      <link rel="apple-touch-icon" sizes="72x72" href="//statics.itc.cn/web/static/images/pic/sohu-logo/logo-72.png" />
      <link rel="apple-touch-icon" sizes="114x114" href="//statics.itc.cn/web/static/images/pic/sohu-logo/logo-114.png" />
      <link rel="apple-touch-icon" sizes="144x144" href="//statics.itc.cn/web/static/images/pic/sohu-logo/logo-144.png" />
      <link href="//statics.itc.cn/web/v3/static/css/main-7c7613c027.css" rel="stylesheet" />
      <script>
```

图6.10　示例6-1输出结果

6.1.4　技能实训

使用 Selenium+Chromedriver 实现访问新浪网页。要求如下。

➢　打印网页 HTML 源码到控制台。

➢　打印网页的 URL 到控制台。

实现步骤如下。

（1）安装 Selenium、下载安装 Chromedriver。

（2）创建 drvier 对象。

（3）使用 get()方法访问新浪网。

（4）在控制台中打印 HTML 源码和网页 URL。

任务 2　使用 Selenium+Chrome+Scrapy 完成京东商品信息爬取

【任务描述】

本任务将更加详细和全面地介绍 Selenium 的使用和操作方法，并最终会将 Selenium 和 Scrapy 结合起来使用，抓取京东商品的信息，实现动态加载数据的抓取。

【关键步骤】

（1）学习 Selenium 定位网页元素的方法。

（2）学习 Selenium 实现网页操作的方法。

（3）了解 Selenium 提高效率的方法。

（4）使用 Selenium+Chrome+Scrapy 抓取动态加载数据。

6.2.1　Selenium 的使用

1. Selenium 定位网页元素的方法

在前面已经通过 Selenium 获取了网页的 HTML 源码和 URL，但是在爬虫任务

中，通常需要通过一些解析的方法来抓取目标数据，同样 Selenium 也有大量的方法来支持解析 HTML，从而实现抓取目标数据。Selenium 中常用元素定位的方法如表6-4 所示。

表 6-4　Selenium 常用元素定位方法

方法	描述
find_element_by_id()	通过元素的 id 属性定位元素
find_elements_by_name()	通过元素的 name 属性定位元素
find_elements_by_class_name()	通过元素的 class 属性定位元素
find_elements_by_css_selector()	通过 css 选择器定位元素，参数为 css 语句
find_elements_by_link_text()	通过超链接定位元素
find_elements_by_partial_link_text()	通过部分超链接中的文本定位元素
find_elements_by_xpath()	通过 xpath 定位元素，参数为 xpath 语句
find_elements_by_tag_name()	通过标签名定位元素
find_elements(By.Type,value)	通用方法
is_display()	判断某个元素是否存在

表 6-4 中提供了许多选取元素的方法，读者可以找到自己喜欢并熟悉的方式，熟练掌握几种即可。利用上述方法选取元素之后，返回的是对象，需要调用 element.text 来获取元素内的文本内容。如果要获取元素中属性的内容，需要调用 get_attribute()方法。

示例 6-2

使用 Selenium 访问搜狐首页，在控制台输出以下页面元素中的文本内容。

➤ class 属性为 "txt" 的页面元素中的文本。

➤ 标签为 "footer" 的页面元素中的文本。

➤ name 属性为 "keywords" 的页面元素中的文本。

➤ 用 xpath 获取搜狐首页的导航栏标签中的文本，如图 6.11 所示。

| 新闻 | 军事 | 社会 | | **体育** | NBA | 中超 | | **娱乐** | 视频 | 美剧 | | **时尚** | 旅游 | 母婴 | | **美食** | 文化 | 历史 | | **邮箱** | 浏览器 | 博客 | | **千帆** | 微门户 | 看房 |
| 财经 | 宏观 | 理财 | | **房产** | 二手房 | 家居 | | **汽车** | 车贷 | 车型 | | **科技** | 教育 | 健康 | | **星座** | 动漫 | 游戏 | | **地图** | 输入法 | 彩票 | | **畅游** | 17173 | 政务 |

图6.11　搜狐首页导航栏

分析如下。

➤ 使用 find_elements_by_class_name()定位 class 属性为 "txt" 的元素。

➤ 使用 find_elements_by_tag_name()定位标签为 "footer" 的元素。

➤ 使用 find_elements_by_name()定位 name 属性为 "keywords" 的元素。

➤ 使用 find_elements_by_xpath()定位导航栏的元素。

关键代码如下。

```
import time
#导入 webdriver
from Selenium import webdriver
from Selenium.webdriver.common.by import By
driver=webdriver.Chrome("H:\Chromedriver.exe")
driver.get("…")
time.sleep(2)
#获取 classname 为"txt"的页面元素
elements=driver.find_elements_by_class_name("txt")
#elements=driver.find_elements(By.CLASS_NAME,value="txt")
print("txt")
for element in elements:
    print(element.text)
#获取 classname 为"txt"的页面元素
elements=driver.find_elements_by_tag_name("footer")
#elements=driver.find_elements(By.TAG_NAME,value="footer")
print("footer")
for element in elements:
    print(element.text)
#获取 name 为"Keywords"的页面元素
elements=driver.find_elements_by_name("Keywords")
#elements=driver.find_elements(By.NAME,value="Keywords")
print("Keywords")
for element in elements:
    print(element.get_attribute("content"))
#用 xpath 获取搜狐首页的导航栏标签
elements=driver.find_elements_by_xpath("//nav[@class='nav area']//li")
print("xpath")
for element in elements:
    print(element.text)
#关闭当前页面，如果只有一个页面，会关闭浏览器
driver.close()
driver.quit()
```

输出结果如图 6.12 和图 6.13 所示。

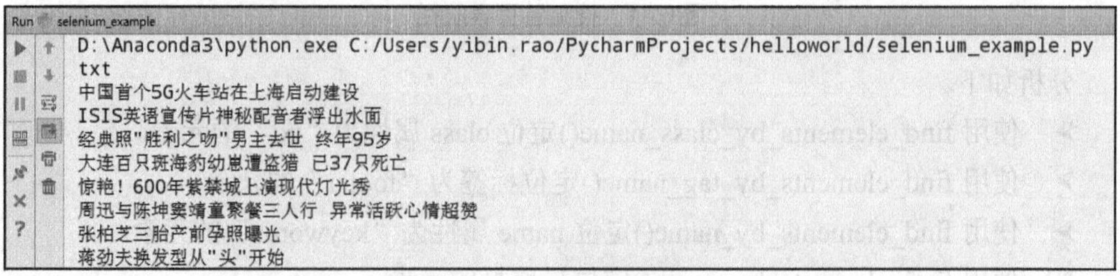

图6.12　示例6-2输出结果1

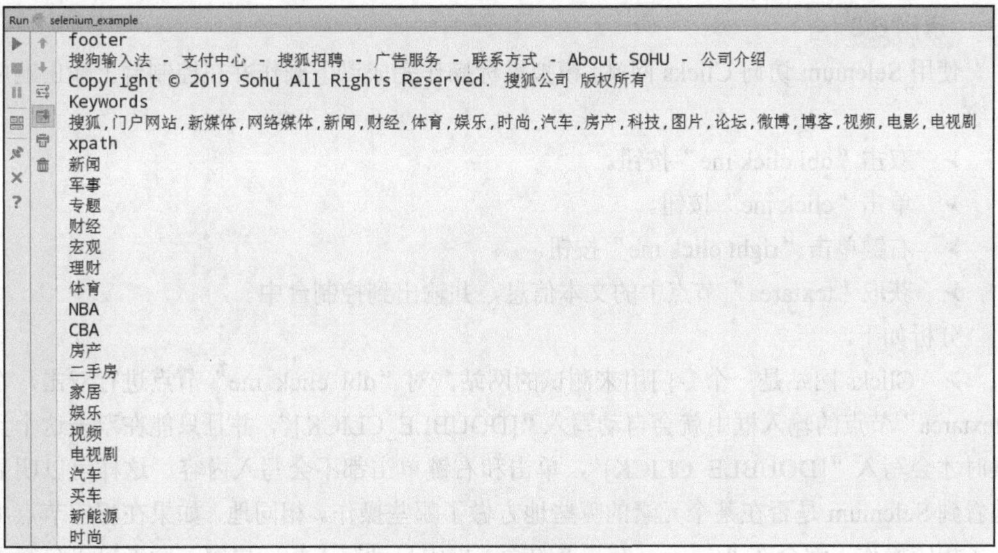

图6.13　示例6-2输出结果2

2. Selenium 实现网页操作

Selenium 的功能非常强大，在爬虫任务中，除了使用到它定位元素的一些方法之外，还会用到它一些操作网页的方法。Selenium 通过 ActionChains 对网页进行操作，它支持的操作列举如下。

➢ 单击、双击、右键点击、长按。

➢ 填充输入框（常用填充搜索框、填充账号密码）。

➢ 拖拽操作。

ActionChains 实现网页操作的步骤如下。

（1）定位元素位置。

（2）构造 ActionChains 对象。

（3）构造操作队列（将要进行的操作的方法依次排列）。

（4）执行 ActionChains 队列中所有的操作。

ActionChains 常用的方法如表 6-5 所示。

表 6-5　ActionChains 常用方法

方法名	描述
move_to_element()	鼠标悬浮在某元素上
perform()	执行所有存储在 ActionChains 中的操作
click()	左键单击元素
double_click()	左键双击元素
context_click()	右键单击元素
click_and_hold()	长按元素
drag_and_drop()	将元素 1 拖拽到元素 2 上
move_by_offset()	以当前位置为原点移动鼠标
move_to_element_with_offset()	以 element 为原点移动鼠标

> **示例 6-3**

使用 Selenium 访问 Clicks 网站，模拟鼠标操作完成以下操作并在控制台上输出响应内容。

➤ 双击"dbl click me"按钮。

➤ 单击"click me"按钮。

➤ 右键单击"right click me"按钮。

➤ 获取"textarea"节点中的文本信息，并输出到控制台中。

分析如下。

➤ Clicks 网站是一个专门用来测试的网站，对"dbl click me"节点进行双击，在"textarea"节点的输入框中就会自动写入"[DOUBLE_CLICK]"，并且只能在双击这个元素时才会写入"[DOUBLE_CLICK]"，单击和右键单击都不会写入内容。这样可以明显地看到 Selenium 是否在某个元素的哪些地方做了哪些操作。相同地，如果在相应节点上做了相应操作，都会在"textarea"节点的输入框中自动写入相应内容，读者可以自行手动操作试验。

➤ 使用 Selenium 访问目标网站。

➤ 找到需要做相应操作的 3 个位置：需要单击的元素位置、需要双击的元素位置、需要右键点击的元素位置。

➤ 构造 ActionChains 对象，并依次填入相应操作的方法，在方法中传入元素位置参数，以表示在哪个位置做哪个操作。

➤ 打印出"textarea"节点中的内容。

关键代码如下。

```
import time
from Selenium import webdriver
from Selenium.webdriver.common.action_chains import ActionChains
driver=webdriver.Chrome("H:\Chromedriver.exe")
driver.get("…")
time.sleep(2)
click_btn=driver.find_element_by_xpath('//input[@value="click me"]')
doubleclick_btn=driver.find_element_by_xpath('//input[@value="dbl click me"]')
rightclick_btn=driver.find_element_by_xpath('//input[@value="right click me"]')
ActionChains(driver).click(click_btn).double_click(doubleclick_btn).context_click(rightclick_btn).perform()
print(driver.find_element_by_name('t2').get_attribute('value'))
time.sleep(2)
driver.close()
driver.quit()
```

输出结果如图 6.14 所示。

运行代码之后，可以看到 Chrome 会自动打开，进入目标网页，并且会在相应的位置做相应操作。

图6.14　示例6-3输出结果

Selenium 还可以实现下拉选项框进行选择的相应操作。自动完成下拉选项框选择的操作需要用到 Selenium 的 Select 类来实现。它的常用方法和属性如表 6-6 所示。

表 6-6　Select 类的常用方法与属性

方法/属性	描述
select_by_index()	通过索引定位，index 索引是从"0"开始的
select_by_value()	通过 value 值进行定位，value 是 option 标签的一个属性值，并不是显示在下拉框中的值
select_by_visible_text()	通过文本值定位，visible_text 是 option 标签中间的值，是显示在下拉框中的值
options	返回 select 元素所有的 options
all_selected_options	返回 select 元素中所有已选中的选项
first_selected_options	返回 select 元素中选中的第一个选项

示例 6-4

使用 Selenium 访问 Select 网站模拟实现下拉选项框的操作并在控制台上输出响应内容。

➤ 选择 index 为 1 的选项。

➤ 选择 value 为 47 的选项。

➤ 选择文本值为"Fax"的选项。

➤ 输出 select 元素中所有的选项。

➤ 输出 select 元素中选中的第一个选项。

关键步骤如下。

（1）使用 Selenium 访问目标网站，并定位到下拉选项框位置。

（2）构造 Select 对象。

（3）使用 select_by_index()方法选择 index 为 1 的选项。

（4）使用 select_by_value()方法选择 value 为 47 的选项。

（5）使用 select_by_visible_text()方法选择文本值为"Fax"的选项。

（6）使用 all_selected_options 属性输出元素中所有的选项。

（7）使用 first_selected_option 属性输出元素中选中的第一个元素。

关键代码如下。

```
from Selenium import webdriver
from time import sleep
from Selenium.webdriver.support.ui import Select
driver=webdriver.Chrome("H:\Chromedriver.exe")
driver.get('…')
```

```
ele=driver.find_element_by_id('s1')
s1=Select(ele)
s1.select_by_index(1)
sleep(2)
s1.select_by_value('47')
sleep(2)
s1.select_by_visible_text('Fax')
sleep(2)
print('options:{}'.format(s1.options))
print('first_selected_options:{}'.format(s1.first_selected_option))
driver.close()
driver.quit()
```

输出结果如图 6.15 所示。

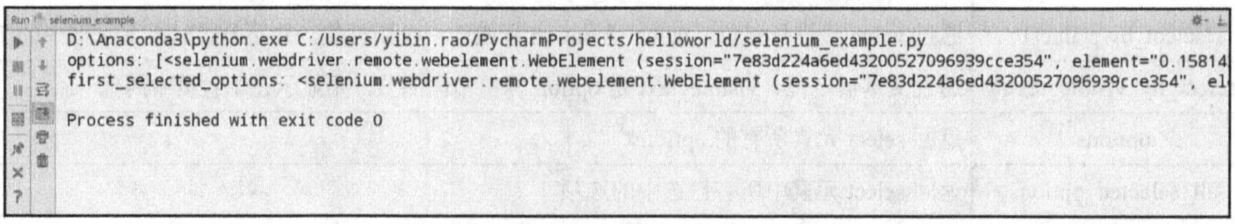

图6.15 示例6-4输出结果

6.2.2 Selenium 提高效率的方法

在介绍 Selenium 时，经常会提到它的效率问题。在实现之前的示例时也能发现，每次启动代码，浏览器都会自动打开并且执行相应的操作，而这会占用大量的 CPU 和内存资源，成为导致 Selenium 效率不高的主要原因之一。解决这个问题可以使用"无界面"的浏览器配合 Selenium 进行操作。让浏览器不进行显示，而这些操作都将在后台进行执行，这样可以一定程度地提高 Selenium 的效率。

1. 无界面浏览器介绍

Phantomjs 是最有名的无界面浏览器，它是一个可编程的无头浏览器，是一个完整的浏览器内核，实现了一个无界面的 webkit 浏览器。虽然没有界面，但 dom 渲染、js 运行、网络访问、canvas/svg 绘制等功能都很完备。它适用的场景很多，主要有以下内容。

➤ 页面自动化测试：希望自动登录网站并做一些操作，然后检查结果是否正常。

➤ 网页监控：希望定期打开页面，检查网站是否能正常加载，加载结果是否符合预期，加载速度如何等。

➤ 网络爬虫：获取页面中适用 js 渲染的信息，或者是获取链接处使用 js 来跳转后的真实地址。

在 2018 年 3 月，Phantomjs 的开发者宣布将不再对 Phantomjs 进行更新，所以在之后与 Selenium 结合的过程中，可能会存在不兼容情况，但使用低版本的 Selenium 是完美兼容的。除了 Phantomjs 这种无界面浏览器之外，Chrome 也开发了无界面模式 headless，在 Phantomjs 不再更新之后，Chrome 的 headless 模式开始取而代之。

在 Chrome59 以上的版本中都会自带 headless 模式。它致力于在无界面的模式下运行 Chrome，大大减少了资源的开销。headless 模式的启动只需在创建 driver 时添加一个选项参数即可，关键代码如下。

```
options=webdriver.ChromeOptions()
options.add_argument('headless')
#Chrome_path 参数是 Chrome driver 的路径
driver=webdriver.Chrome(executable_path=Chrome_path,Chrome_options=options)
```

读者可使用 headless 模式运行之前的示例，这样就不会再有浏览器自动弹出，但打印的结果还是会正常的输出。

2．Scrapy+Selenium+Chrome(headless)抓取动态加载数据

使用 Scrapy+Selenium+Chrome(headless)抓取动态加载数据的关键是要理解整个 Scrapy 的数据流以及 Selenium 的工作流程和顺序，Selenium 的工作流程可以总结为简单的 3 步。

（1）创建 driver。

（2）执行操作。

（3）关闭 driver。

之后还需要将这 3 步有机地与 Scrapy 进行结合，完成最终的抓取动态加载数据的任务。在 Scrapy 中，有以下的关键步骤和数据流。

➤　爬虫启动后，首先会实例化 spider。

➤　从 spider 中拿到待请求的 URL 后，首先会经过 Downloadmiddleware，然后再去请求 URL。Downloadmiddleware 可以接收来自 spider 中的数据。

➤　当爬虫结束时，spider 类会自动调用 close()方法，并运行方法中的代码。

使用 Scrapy 结合 Selenium 的一个最关键的地方在于如何获得浏览器渲染后的 HTML 源码，之后再通过解析方法解析浏览器渲染后的 HTML 源码。将 Selenium 的 3 步工作流程与 Scrapy 有机地结合就能够实现这一过程。具体方法如下：

（1）在 spider 的构造函数中，实现 Selenium 中创建 drvier 的方法。也就是当爬虫启动时，已经创建好 driver。

（2）在 Downloadmiddleware 中的 process_request()方法中，实现使用 Selenium 来请求目标 URL 的方法，并且通过 HtmlResponse()对象，将原 response 替换成使用浏览器渲染后的 response 进行返回。在 process_request()方法中提供两个默认参数 request 和 spider，它们可以接收来自 request 对象和 spider 对象中的属性和方法，所以可以轻松地实现使用 Selenium 来请求目标 URL，并且使用渲染过后的 response 进行返回。

（3）在爬虫结束时，在 spider 中的 close()方法内，实现 drvier 关闭的方法。

示例 6-5

使用 Scrapy+Selenium+Chrome(headless)抓取京东商品详情页面的商品价格、商品名和商品图片地址，并在控制台中打印。

分析：

➢ 使用 Scrapy 结合 Selenium 的具体方法，将它们有机结合。

➢ 在 spider 的 parse()方法中实现解析渲染后的 HTML 的方法，并将目标数据商品价格、商品名和商品的图片地址取出。

关键代码如下。

在 Spider 中：

```
import Scrapy
from Selenium import webdriver
class JdspiderSpider(Scrapy.Spider):
    name='jdSpider'
    #allowed_domains=['example.com']
    start_urls=['…']
    def __init__(self):
        super(JdspiderSpider,self).__init__()
        options=webdriver.ChromeOptions()
        options.add_argument('headless')
        self.driver=webdriver.Chrome(executable_path='..\Chromedriver.exe', Chrome_options=options)
    def close(self, spider):
        self.driver.quit()
        print('closed spider')
    def parse(self, response):
        detail_price=response.xpath('//span[@class="p-price"]//text()').extract()[1]
        picture_list=response.xpath('//*[@id="spec-list"]/ul/li/img/@src').extract()
        title=response.xpath('/html/body/div[8]/div/div[2]/div[1]/text()').extract()
        print("detail_price", detail_price)
        print("picture_list", picture_list)
        print("title", title)
```

在 middlewares.py 中：

```
from Scrapy.http import HtmlResponse
class JdDownloaderMiddleware(object):
    def process_request(self, request, spider):
        driver=spider.driver
        driver.get(request.url)
        return HtmlResponse(url=request.url, body=driver.page_source, request=request, encoding='utf-8', status=200)
```

在 settings.py 中：

```
BOT_NAME='jd'
SPIDER_MODULES=['jd.spiders']
NEWSPIDER_MODULE='jd.spiders'
ROBOTSTXT_OBEY=False
DOWNLOAD_DELAY=2
DOWNLOADER_MIDDLEWARES={
    'jd.middlewares.JdDownloaderMiddleware': 543,
}
```

输出结果如图 6.16 所示。

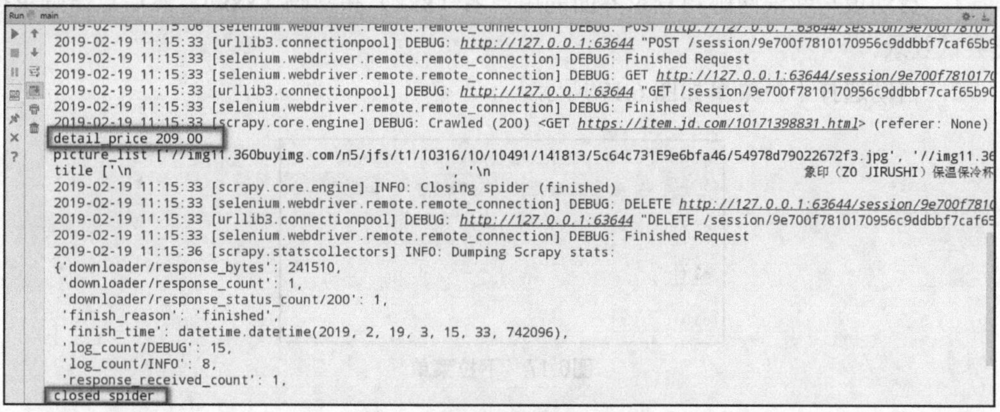

图6.16　示例6-5输出结果

6.2.3　技能实训

使用 Scrapy+Selenium+Chrome(headless)请求淘宝商品的详情页面。要求如下。

➤　详情页面为：女款欧美个性前卫墨镜（CK 正版）详情页面。

➤　使用 Scrapy 结合 Selenium 的方法来实现任务。

➤　抓取商品价格、商品名、商品图片 URL 并打印。

➤　在爬虫关闭时，在控制台打印"爬虫关闭"。

实现步骤如下。

（1）查看学习示例 6-5 的实现方式，将 Scrapy 与 Selenium 进行结合。

（2）在爬虫关闭时调用的 close()方法中，实现打印"爬虫关闭"。

（3）在浏览器的检查中，查看 elements 选项卡，在渲染过后的 HTML 中找到目标数据的 xpath 路径，并在 parse()方法中获取并打印。

本章小结

➤　Selenium 能够使用代码的方式操作浏览器驱动，并对页面进行操作。

➤　要提高 Selenium 的效率的话，可以将其与无界面的浏览器结合使用。Selenium 支持 Phantomjs 浏览器，同时也很好地支持 Chrome 的 headless 模式。

➤　通过 ActionChains 可以完成相对复杂的网页操作，如单击、双击、填写文本框等。

➤　Scrapy+Selenium+Chrome（headless）可以轻松实现动态加载数据的爬取。

本章作业

一、简答题

1．简述爬虫处理动态数据的两种方法和思路。

2．简述 Selenium 的功能、优势和劣势。

二、编码题

1. 自动填写新浪网邮箱登录界面的用户名（xxx）和密码（xxx），然后点击登录按钮尝试登录。

2. 自动选择下拉菜单如图 6.17 所示。

图6.17 下拉菜单

3. 使用结合了 Chrome（headless）的 Scrapy 框架抓取天猫的商品（即女款欧美个性前卫墨镜）详情页面，提取出相应的商品标题、商品价格、商品图片列表。商品详情页如图 6.18 所示。

图6.18 商品详情页

第 7 章

App 数据爬取

技能目标

➤ 掌握 App 数据接口破解的常用方法和技巧。

➤ 掌握网络请求监听软件 Fiddler 的使用方法和步骤。

➤ 了解使用 Fiddler 设置代理进行抓包分析的方法。

本章任务

任务 1：使用 Scrapy 爬虫框架爬取雪球 App 基金频道新闻列表数据。

任务 2：使用 Scrapy 爬虫框架爬取知乎 App 推荐栏目列表数据。

本章资源下载

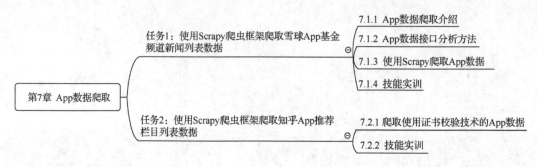

传统意义上爬虫用于爬取 B/S 构架的网站数据。在 PC 时代，大量的、有价值的、需要爬取的数据存在于各种网站上，而 PC 上的客户端软件一般不存在需要爬虫爬取数据的需求，因此我们说爬虫是基于 B/S 构架的爬取工具。但是到了移动互联网时代，在 PC 上通过浏览器访问的网站到了手机上以后，更普遍的情况是通过各自的 App 提供服务，比如知乎、雪球、Boss 直聘等。甚至有一些 App 根本就没有提供 PC 端的访问入口，比如抖音。也就是说在 App 上存在很多高价值甚至是独一无二的数据，因此对于 App 这种典型的 C/S 构架应用也产生了数据爬取的需求。本章我们将学习使用 Scrapy 爬虫框架爬取 App 数据的方法。

任务 1　使用 Scrapy 爬虫框架爬取雪球 App 基金频道新闻列表数据

【任务描述】

使用 Fiddler 分析雪球 App 基金频道新闻列表数据接口，然后使用 Scrapy 爬虫框架爬取基金频道下的 24 条新闻数据，并将新闻标题打印到控制台上。

【关键步骤】

（1）了解 App 的通讯模型。

（2）安装配置 Fiddler 网络请求监听软件。

（3）使用 Fiddler 监听 HTTP 请求。

（4）了解 HTTPS 的特点和原理。

（5）搭建局域网监听环境，配置 Fiddler 监听手机网络请求。

（6）使用 Fiddler 分析雪球 Application 基金频道新闻列表数据接口。

（7）使用 Scrapy 爬虫框架爬取基金频道下的 24 条新闻数据。

7.1.1　App 数据爬取介绍

1. 爬取 App 数据的难点

在爬取网站数据的时候，可以直接从浏览器地址栏获得页面的起始 URL。通过 Chrome 浏览器的开发者工具能够直接查看目标网页的 HTML 结构。即使网页采用了前后端分离技术，也可以使用 Chrome 的 Network 工具分析 API 数据接口。通常，能够通过浏览器访问的网站请求到的数据，可以通过浏览器看到，也可以通过爬虫获取。这是因为展现数据的客户端是浏览器，是一个面向所有人的、公开的工具。但是当展现数据的客户端从浏览器换成内容提供者自己的 App 时，他可以操作的手段就变多了。首先我们不能直接查看他的 API 接口了，其次在 App 上我们也没有办法直接查看网络请求返回的数据结果。甚至在一些数据安全工作做得比较完善的 App 上，网络请求和结果都会使用加密算法进行加密。这些都是分析 App 数据接口时会遇到的困难。

虽然困难重重，但是借助一定的手段还是可以爬取大部分 App 的数据的。爬取前我们首先要掌握 App 客户端的通信模型，然后花更多的时间在数据接口的分析上，并做好某些 App 数据无法被爬取的准备。

2. App 客户端的通信模型

在爬取 App 客户端数据前，要学习和掌握 App 客户端的通信模型。在手机 App 中，常用的网络请求协议也是 HTTP，也正是因为如此我们才可以使用爬虫爬取它的数据。在早期的 C/S 构架的应用中，数据的传输通常使用 XML 格式（HTML 就是一类变种的 XML）。但是 XML 格式的数据在传输数据的同时还要附带传输标签，这降低了数据的传输效率。现在大部分的 App 在传输数据时使用结构更加简单的 JSON 格式取代 XML。

在 App 进行数据请求时与在浏览器中访问网页一样使用的是请求与响应模式，并且在一个 App 界面中所需要的数据可能是通过多个数据接口请求获取的。App 与服务端通信过程如图 7.1 所示。

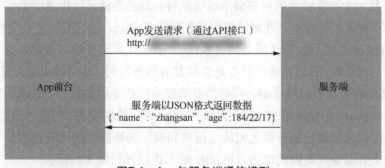

图7.1 App与服务端通信模型

从图中可看出，在 App 与服务端通信的模型中，API 数据接口使用的网络协议是 HTTP。当服务端返回数据时，数据以 JSON 格式返回给客户端，并在客户端进行响应和处理。在此通信模型的基础上，可以更清晰地看出爬取 App 数据的难度。App 可以使用如下的手段保证数据的安全。

➢ 在发出 HTTP 请求前，App 可以在 URL 中加入一个加密的验证码参数，在服务端对这个验证码参数解密并验证请求有效性。

➢ 服务端返回数据时，对返回的数据加密，App 收到数据后使用预先定义好的密钥解密数据并显示。

由此可以看出，因为 App 和服务端都是由同一公司开发的，所以 App 可以有更加丰富、严密的手段保障数据的安全。读者需要充分理解 App 与服务端的通信模型，这样才能更有针对性地完成对数据接口的分析。

3. App 数据抓取思路

实现 App 数据抓取首先要能够获得其请求数据的 API 接口（接口的形式是 URL），并且获得相应的由服务端返回的数据。但是由于 C/S 架构不像 B/S 架构的应用一样可以直接在浏览器中完成这些操作，因此须借助于第三方工具——网络请求监听软件来实现。在计算机上安装该软件时，Windows 操作系统上可以选择使用 Fiddler，苹果电脑的 Mac 系统上可以选择使用 Charles。在后面的讲解中我们以 Fiddler 工具为例展示如何监听 App 的 HTTP 请求。

在 App 中一个界面可能会同时发出多个 HTTP 请求，因此完成 HTTP 请求的监听后，还需要观察所有请求并确定哪一个请求是我们需要的数据接口。确定数据接口后，接下来的工作是分析数据接口的编写规律。在这一步中，需要确定接口中各个参数的含义，找到加载更多数据的方法。最后分析数据接口返回的数据，通常情况下返回的数据格式是 JSON。从返回的数据中提取爬取的目标数据，就完成了 App 数据的爬取。

7.1.2 App 数据接口分析方法

我们已经知道，分析 App 数据接口需要借助于第三方的网络请求监听软件。本书以 Windows 操作系统下的 Fiddler 监听工具为例讲解如何实现 App 的数据接口监听与分析。

1. Fiddler 介绍

Fiddler 是一个非常强大的网络请求监听软件，最初是被开发出来给测试工程师使用的，用于帮助测试工程师在软件测试过程中辅助定位 Bug。它的实质是一个代理 Web 服务器，当 Fiddler 启动后会默认成为当前系统的 Web 代理服务器。也就是说当你在浏览器上打开一个网页时，HTTP 请求并不是直接发给服务器的。这个请求会先发给 Fiddler，然后由 Fiddler 转发给目标服务器。同样当服务器响应后返回数据时，返回的数据也不是直接发给浏览器，而是先发给 Fiddler，再由 Fiddler 转发给浏览器。在这一过程中，Fiddler 像中间人一样在浏览器与服务器之间转发请求和响应的数据，因此它也就具备了监听浏览器请求和服务器响应数据的能力。Fiddler 的工作原理如图 7.2 所示。

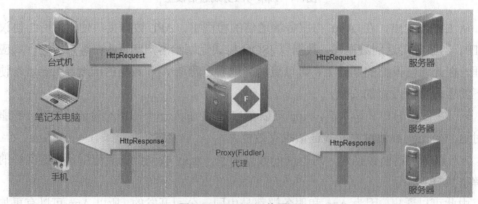

图7.2　Fiddler工作原理

在前面的章节中使用 ip 代理实现的爬虫反爬技术的实质与 Fiddler 一样都是代理 Web 服务器技术实现的。因此从技术上来说在使用 ip 代理时，代理服务器是完全可以监控被代理者的。如果在代理状态下登录某些网站或应用的账号，就有可能被代理服务器获得用户的账号和密码，导致账号被盗。这就是网络安全领域常说的中间人攻击。使用 Fiddler 监听网络请求就是我们对自己实施了中间人攻击。

2. 安装配置 Fiddler

Fiddler 可以直接从官网下载最新版本（本书以 Fiddler-v5 为例介绍，各个版本之间使用方法基本相同）使用。它是免费软件，下载之后默认安装即可。当 Fiddler 启动后，会自动设置代理，此时通过 PC 上的浏览器访问某个网站，就可以看到所有的请求都被 Fiddler 监听并显示在其控制界面上了。如图 7.3 所示，使用 Fiddler 监听在浏览器打开 "Quotes to Scrape" 网站。

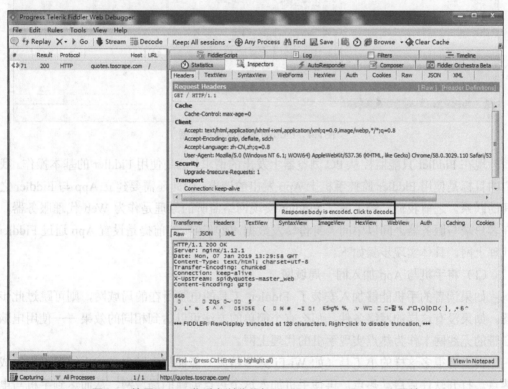

图7.3 使用Fiddler监听在浏览器打开 "Quotes to Scrape" 网站

从图 7.3 中可以看到在 Fiddler 操作界面的左侧列表上显示了目标网站的 URL 信息。在右上的功能标签中选择 "Inspectors" 选项卡，可以看到它的请求头信息。图中右下角显示的是服务器的响应数据。但是点击 "Raw" 标签后会发现显示出的是乱码。这是因为该网站对响应数据做了编码，需要解码才能正确显示（使用合适的编码格式可以有效降低传输数据的大小、提高传输效率）。Fiddler 自带解码功能，但是需要我们手动启用，点击图 7.3 中用方框标出的部分后，Fiddler 就会显示解码后的结果，如图 7.4 所示。

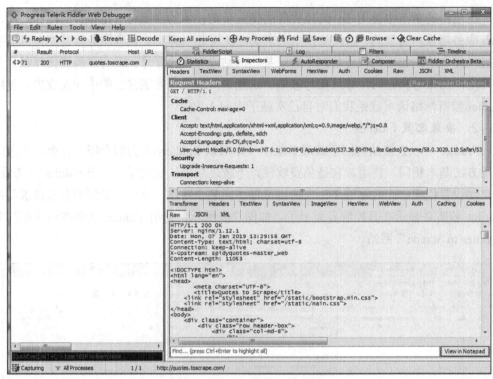

图7.4　Fiddler解码返回的数据

现在 Fiddler 只能监控从 PC 浏览器上发出的请求，这是使用 Fiddler 的基本操作。我们的目标是使用 Fiddler 监控手机上 App 发出的请求。因此还需要建立 App 与 Fiddler 之间的联系。之前我们已经了解了 Fiddler 实现网络监听的原理是作为 Web 代理服务器，在客户端与服务器之间以中间人身份转发数据。成功监听的前提是设置 App 通过 Fiddler 代理上网，具体实现步骤如下。

（1）将手机与 App 加入同一局域网

如果读者的手机能够加入安装了 Fiddler 工具的电脑所在的局域网，则可跳过此步骤。如果没有这样的网络条件，那么有个简单的方法可以达到相同的效果——使用电脑自带的无线网卡作为热点实现手机的代理上网。

网上有很多这样的小工具（如 Wi-Fi 共享精灵）能够将电脑自带的无线网卡转换成热点。打开软件后启动热点，再使手机加入这个热点创建的局域网，从而达到手机与电脑处于同一局域网的要求。

（2）配置 Fiddler 允许远程设备连接

将 App 与电脑加入同一局域网后，还需要让 Fiddler 作为 App 上网的 Web 代理服务器。方法是在 Fiddler 的 Options 对话框中选择 Connections 选项卡并勾选 "Allow remote computers to connect" 复选框，如图 7.5 和图 7.6 所示。

"Allow remote computers to connect" 复选框被勾选就表明 Fiddler 允许远程设备以 Fiddler 为代理服务器上网。在图 7.6 中还可以看到 Fiddler 作为代理服务器时允许连接的端口号，默认为 8888。

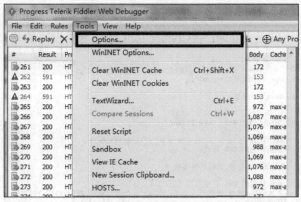

图7.5　打开Options对话框

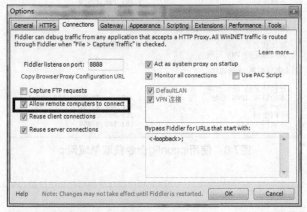

图7.6　勾选 "Allow remote computers to connect" 复选框

（3）在手机上设置 Fiddler 为 Web 代理服务器

在手机的 WLAN 设置中填写 Fiddler 所在电脑的局域网 ip 地址和端口，如图 7.7 所示。

图7.7　设置Fiddler为手机的Web代理服务器

其中填入的 ip 地址可以在电脑上启动命令行工具中输入 ipconfig 命令后获得，如图 7.8 所示。端口号填入的是 Fiddler 中 Connections 选项卡里设置的端口号。

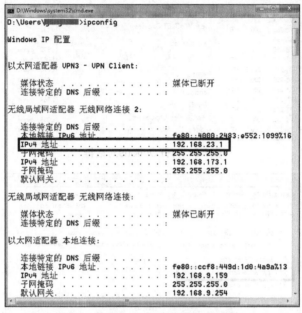

图7.8　使用ipconfig命令获取局域网ip

在图 7.8 中包含了多个局域网地址，我们需要的是由无线网卡建立的局域网的 ip 地址，也就是图中"无线局域网适配器 无线网络连接 2"中的 ip 地址。图中的"以太网适配器 本地连接"是通过网线接入的局域网 ip 地址。

完成设置后，打开手机上的浏览器在地址栏输入百度网址后访问百度主页，观察 Fiddler 中的监听结果，如图 7.9 所示。

从图中可以看出访问百度主页后，HTTP 请求返回的状态码（图中的 results 属性）值为 302，表示请求被重定向了。重定向的 URL 是左下侧 Location 属性值。可以看出这是一个 HTTPS 网址。而且在 Fiddler 右侧的请求列表中访问该页面的结果返回码是 200，但无法查看请求的内容。这是因为 Fiddler 默认情况下只监听 HTTP 请求，如果网站使用的是 HTTPS 则不监听。那么 HTTPS 究竟有多特殊需要 Fiddler 区别对待？HTTPS 又有什么样的特点让百度设置这样一个重定向操作呢？

如果完成所有设置后，Fiddler 仍无法监听到手机浏览器上的请求，可能是 Fiddler 的代理未生效。可以先将 Fiddler 和热点都关闭，再启动热点、启动 Fiddler 就可以了。

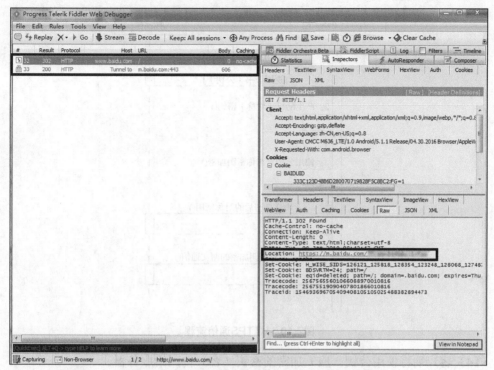

图7.9　使用Fiddler监听手机浏览器访问百度主页

3. HTTPS

HTTPS 的全称是 Hyper Text Transfer Protocol over Secure Socket Layer，中文翻译为超文本传输安全协议。从名称就可以很容易地看出这个协议由两部分组成。第一部分是我们熟悉的 HTTP，因此在使用中 HTTP 与 HTTPS 没有区别。它们的区别主要在第二部分上。HTTP 以明文方式发送内容，不提供任何形式的数据加密。如果攻击者截取了 Web 浏览器和网站服务器之间的传输，因为没有加密保护所以数据很容易被攻击者获取。因此使用 HTTP 传输数据，数据的安全性无法得到保障。而 HTTPS 在 HTTP 的基础上加入了 SSL 协议，SSL 依靠证书（CA）来验证服务器的身份，给数据的安全性增加了一层保障。其具体的工作流程如图 7.10 所示。

从图 7.10 中可以看出在客户端的 HTTPS 请求发出后，通信流程如下。

（1）服务器并没有立刻将响应数据传给客户端，而是先给客户端返回一个证书（CA）。注意这个证书是不加密的、公开的。证书中包含了用于数据加密的密钥——我们称其公钥（服），还包含了用于验证证书合法性的其他数据。同时，服务器还存在一个密钥，这个密钥可以解密使用公钥（服）加密的数据，称为私钥（服）。

（2）获得公钥（服）后，客户端会先验证这个证书是不是合法的（证书是由专门的权威的机构发行的，用于标明使用者的身份）。如果客户端验证收到的公钥（服）是合法的，则会随机生成自己的对称密钥，也就是密钥（客）。对称密钥有一个特点，就是使用对称密钥加密的数据也可以使用相同的密钥解密。

（3）客户端生成了密钥（客）后用从服务器获得到公钥（服）加密。

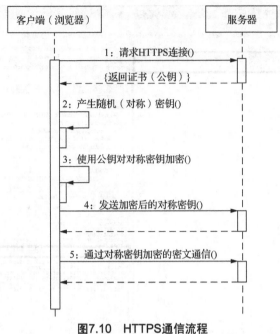

图7.10　HTTPS通信流程

（4）客户端将使用公钥（服）加密的密钥（客）传回给服务器。

（5）服务器收到客户端发过来的数据后，用私钥（服）解密数据，就可以获得密钥（客）了。此时服务器与客户端之间都有相同的对称密钥——密钥（客）。

在之后的网络请求通信中，服务器发送数据前用密钥（客）加密，客户端收到数据后也用密钥（客）解密。而第三方因为无法获得密钥（客），也就无法解密数据。因此数据在传输过程中是安全的。读者可以通过扫描二维码观看 HTTPS 原理讲解的视频。

HTTPS 原理
讲解

⚠️ **注意**

公钥（服）的作用是保证服务器在获取密钥（客）的过程中，第三方不会获得未加密的密钥（客）。而在真正的数据传输中，使用的是对称密钥——密钥（客）对数据加密。

理解 HTTPS 的通信流程需要读者有一定的密码学基础知识。如果还是感觉学习起来比较困难，读者只需要能够理解 HTTPS 是通过加入证书（CA）机制来达到确保数据安全性的目的就可以了。

4. Fiddler 监听 HTTPS 请求

了解了 HTTPS 的原理，我们就能够理解为什么 Fiddler 默认不监听 HTTPS 请求了。因为即便监听了，如果拿不到服务器与客户端之间用来解密数据的密钥，也无法解密监听到的信息获得正确的数据。正常情况下使用 Fiddler 是没有办法监听 HTTPS 请求的数据的，但是再严密的保护措施都是有漏洞的。下面我们就来通过进一步配置 Fiddler 实现监听 HTTPS 请求，方法如下。

（1）在 Fiddler 的 Options 对话框的 HTTPS 选项卡下设置拦截 HTTPS 请求，并勾选"Capture HTTPS CONNECTs"和"Decrypt HTTPS traffic"两个选项，表示拦截 HTTPS 请求并解密 HTTPS 请求。如图 7.11 所示。

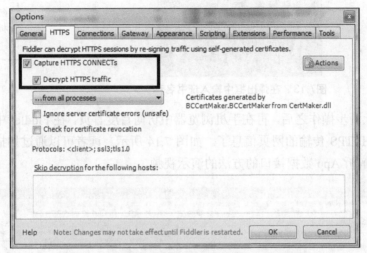

图7.11　设置Fiddler拦截并尝试解密HTTPS数据

（2）只勾选选项还不够，还需要解决证书（CA）的问题才能获得密钥，解密数据。原理会在后面讲解，先来看实现的方法。在手机浏览器中访问 Fiddler 的局域网 ip 地址和端口，此时会在浏览器中打开如图 7.12 所示的网页。

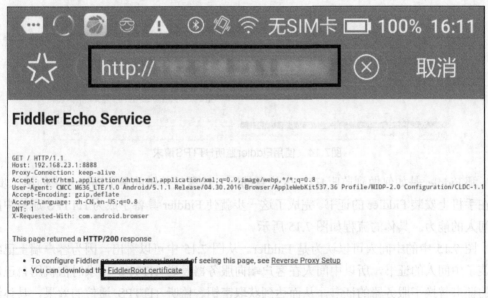

图7.12　在手机浏览器中访问Fiddler的局域网ip地址和端口

点击页面中的"FiddlerRoot_certificate"链接，在弹出框中输入证书名称如图 7.13 所示，点击确定后就在这台手机上安装了 Fiddler 的证书（CA）。

配置 Fiddler 解析 App 数据接口演示

图7.13　在弹出框中输入证书名称

完成以上两步操作之后，再在手机浏览器中访问百度首页，在 Fiddler 中就能够查看跳转后使用 HTTPS 传输的网页信息了。如图 7.14 所示。读者可以通过扫描二维码观看配置 Fiddler 解析 App 数据接口的方法的演示视频。

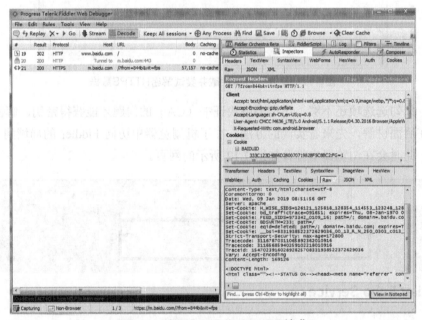

图7.14　使用Fiddler监听HTTPS请求

那Fiddler是如何做到监听HTTPS信息的呢？这里最关键的是上面操作中的第二步，即在手机上安装 Fiddler 的证书。完成了这一步就使 Fiddler 具备了成为 HTTPS 通信中的中间人的能力。具体的流程如图 7.15 所示。

图 7.15 中的中间人可以认为是 Fiddler。从图 7.15 中可以看出，因为客户端上已经安装了中间人的证书，所以中间人在客户端向服务器发送 HTTPS 请求时借机用自己颁发的证书替换了服务器的证书，从而达到获取密钥、监听 HTTPS 通信的效果，具体流程如下。

（1）客户端发送 HTTPS 请求。

（2）中间人截获 HTTPS 请求并转发给服务器。

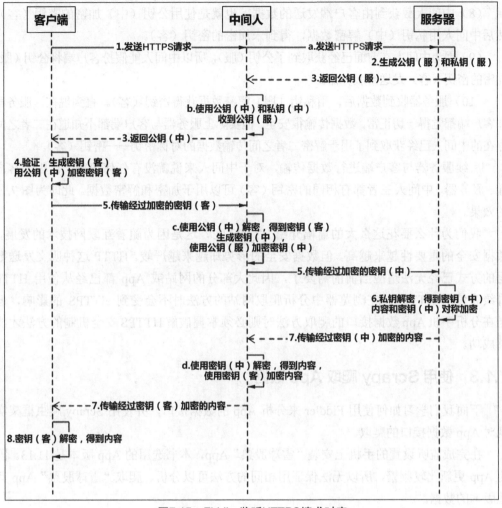

图7.15 Fiddler监听HTTPS请求时序

（3）此时服务器并不知道在自己和客户端之间存在着一个中间人，它按照正常响应流程返回自己的公钥（服）也就是证书。当然服务器保有相应的用于解密的私钥（服）。

（4）服务器返回的公钥（服）并没有被客户端收到，而是被中间人截获。

（5）中间人截获服务返回的公钥（服）之后，使用自己的公钥（中）替换了公钥（服）返回给客户端。中间人此时保有用于加密数据的公钥（服）和用于解密公钥（中）加密数据的私钥（中）。

（6）客户端收到公钥（中）后进行验证。在正常的情况下这步验证是不会通过的，但是我们前面的设置此时发挥了作用。由于在客户端也就是手机上已经安装了 Fiddler（中间人）的证书，因此客户端对公钥（中）的验证会通过。对于客户端来说，它此时也不知道在自己和服务器之间存在一个中间人，并且本该收到的公钥（服）被公钥（中）替换了。

（7）客户端验证公钥（中）通过后，随机生成对称密钥——密钥（客）。然后客户端用公钥（中）加密密钥（客），并将加密后的密钥（客）发送给服务器。

（8）中间人截获到由客户端发送的数据，也就是使用公钥（中）加密的密钥（客）。然后中间人用私钥（中）解密数据，得到未加密的密钥（客）。

（9）因为中间人在前面已经获取到了公钥（服），所以中间人能假扮客户端将公钥（服）加密的密钥（客）发送给服务器。

（10）服务器收到数据后，用私钥（服）解密数据获得密钥（客）。直到现在，服务器和客户端都觉得一切正常，数据传输很安全。但实际上服务器与客户端都不知道在二者之间存在的中间人已经获取到了用于解密二者之间传输数据的对称密钥——密钥（客）。

后续服务器与客户端进行数据传输，对于中间人来说就没有任何秘密了。因为客户端、服务器、中间人三者都有相同的密钥（客）可以用于加密和解密数据。此即为图 7.15 的效果。

我们为什么要花这么大的篇幅介绍 HTTPS 呢？这是因为随着互联网技术的发展，数据安全的重要性越来越高，但数据安全的形势却越来越严峻。HTTP 这种明文发送数据的方式已经无法适应当前的需要了，因此大部分的网站或 App 都已经从使用 HTTP 升级为使用 HTTPS。在浏览器中分析爬取网站的方法时不会受到 HTTPS 的影响，但是在分析手机 App 数据接口的爬取方法时则必须掌握破解 HTTPS 安全机制的方法才能够成功。

7.1.3 使用 Scrapy 爬取 App 数据

下面我们学习如何使用 Fiddler 来分析 App 的数据接口，并使用 Scrapy 爬虫框架实现对 App 数据接口的爬取。

在完成监听设置的手机上安装"雪球股票"App，本书选用的 App 版本是 11.13。因为 App 更新比较频繁，所以无法保证用相同的方法可以分析、爬取"雪球股票"App 其他版本的数据。

启动雪球 App 并将列表切换到基金后，会发现在 Fiddler 中存在大量的请求。这些请求有些是雪球 App 产生的，也有一些是手机或当前电脑的其他应用产生的。为避免这些请求对我们的分析造成干扰，需要对请求进行过滤以减少干扰数据，方法如下。

（1）在 Fiddler 右侧的选项卡中选择"Filters"。

（2）勾选"Use Filters"复选框。

（3）在 Hosts 的下拉菜单中选择"Show only the following Hosts"选项。

（4）在文本框中输入想要过滤的 Host，从列表中可以看出与雪球 App 有关的请求 Host 是 api.xueqiu.com。

（5）设置好后，单击"Actions"按钮执行"Run Filterset now"使过滤器生效。效果如图 7.16 所示。

此时 Fiddler 右侧列表中的请求数量就大大减少了。然后在雪球 App 中对列表执行向上滚动加载数据的操作并观察 Fiddler。结合请求的 Body 大小（一般数据接口的 Body 更大）就可以确定雪球 App 的数据加载接口了。

返回数据如图 7.17 所示。

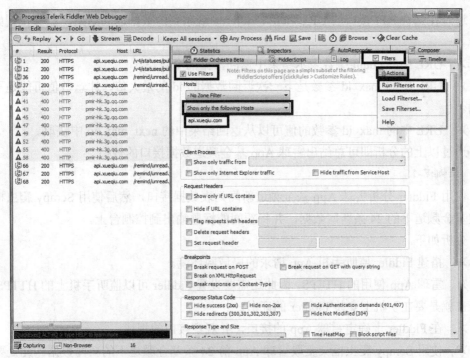

图7.16　使用Fiddler过滤雪球App请求

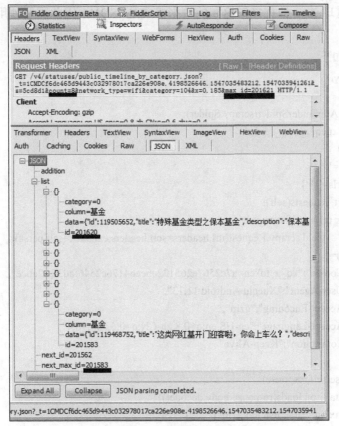

图7.17　在Fiddler中观察雪球App数据接口的结果

通过在结合 API 接口的 URL 和在 Fiddler 中观察到的数据返回结果，能够找到如下规律。

➢ URL 中的 count 参数表示结果中返回数据的个数。

➢ URL 中的 max_id 参数是下一次返回数据的 id 的最大值，注意数值可能是不连贯的。

➢ URL 中的 max_id 参数的值可以从返回结果中的 next_max_id 中获取。

通过以上的分析即可总结出雪球 App 基金频道数据接口的规律。

示例 7-1

使用 Fiddler 分析雪球 App 基金频道新闻列表数据接口，然后使用 Scrapy 爬虫框架爬取基金频道下的 24 条新闻数据，并将新闻的标题输出到控制台上。

分析如下。

➢ 搭建 Fiddler 监听手机 App 请求的局域网环境。

➢ 雪球 App 使用的 HTTPS，因此还需要设置 Fiddler 可以监听手机上的 HTTPS 请求，也就是要在手机上安装 Fiddler 的证书。

➢ 在 Fiddler 上确定雪球 App 的接口，并观察接口的规律。

➢ 使用 Scrapy 爬虫框架爬取雪球 App 前 24 条基金频道下的新闻数据。此处要在爬取时根据 Fiddler 中的显示合理设置请求头属性。

➢ 注意雪球 App 数据接口返回的数据格式是 JSON，因此需要使用 json 库对数据进行解析。

关键代码如下。

```
import scrapy
import json
class XueqiuAppSpiderSpider(scrapy.Spider):
    name='xueqiu_App_spider'
    limit=0
    pre_url="…"
    start_urls=['…']
    def start_requests(self):
        for url in self.start_urls:
            yield scrapy.Request(url,headers=self.headers,callback=self.parse)
    headers={
        "Cookie":"xq_a_token=a7c2567e265122ebccb4176c2546fad3faa2ebce",
        "User-Agent":"Xueqiu Android 11.13",
        "Accept-Encoding":"gzip",
        "Accept-Language":"en-US,en;q=0.8,zh-CN;q=0.6,zh;q=0.4",
        "Connection":"Keep-Alive"
    }
    def parse(self,response):
        data=json.loads(response.body.decode())
        max_id=data["list"][-1]["id"]
        for item in data["list"]:
```

```
            sub_item=json.loads(item["data"])
            print(sub_item['title'])
    self.limit+=1
    #print(self.limit)
    if self.limit<3:
        yield scrapy.Request(self.pre_url+str(max_id),headers=self.headers,callback=self.parse)
```

输出结果如图 7.18 所示。

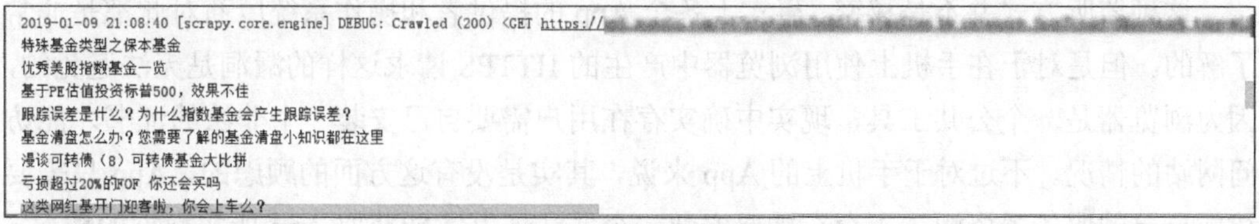

```
2019-01-09 21:08:40 [scrapy.core.engine] DEBUG: Crawled (200) <GET https://
特殊基金类型之保本基金
优秀美股指数基金一览
基于PE估值投资标普500，效果不佳
跟踪误差是什么？为什么指数基金会产生跟踪误差？
基金清盘怎么办？您需要了解的基金清盘小知识都在这里
漫谈可转债（8）可转债基金大比拼
亏损超过20%的FOF 你还会买吗
这类网红基开门迎客啦，你会上车么？
```

图7.18　爬取雪球App结果

7.1.4　技能实训

使用 Fiddler 分析雪球 App 房产频道新闻列表数据接口，然后使用 Scrapy 爬虫框架爬取房产频道下的 24 条新闻数据，并将新闻的标题输出到控制台上。

分析如下。

➢ 搭建 Fiddler 监听手机 App 请求的局域网环境。

➢ 雪球 App 使用的 HTTPS，因此还需要设置 Fiddler 可以监听手机上的 HTTPS 请求，也就是要在手机上安装 Fiddler 的证书。

➢ 在 Fiddler 上确定雪球 App 的接口，并观察接口的规律。

➢ 使用 Scrapy 爬虫框架爬取雪球 App 前 24 条房产频道下的新闻数据。此处要在爬取时根据 Fiddler 中的显示合理设置请求头属性。

➢ 注意雪球 App 数据接口返回的数据格式是 JSON，因此需要使用 json 库对数据进行解析。

任务 2　**使用 Scrapy 爬虫框架爬取知乎 App 推荐栏目列表数据**

【任务描述】

使用 Fiddler 分析知乎 App 推荐栏目列表数据接口，然后使用 Scrapy 爬虫框架爬取知乎 App 推荐栏目中至少 24 回答的数据，并将回答对应的问题输出到控制台上。

【关键步骤】

（1）了解 Android 系统的证书校验功能。

（2）掌握破解证书校验机制的方法。

（3）破解证书校验机制后使用 Fiddler 分析知乎 App 推荐栏目的数据接口。

（4）使用 Scrapy 爬虫框架爬取知乎 App 推荐栏目列表数据。

7.2.1 爬取使用证书校验技术的 App 数据

1. 证书校验技术介绍

在本章任务 1 中我们使用 Fiddler 实现了对手机 App 的 HTTPS 请求的监听。采用的办法是在手机上安装 Fiddler 证书，然后让 Fiddler 在客户端和服务器之间拦截请求，使用自己的证书通过客户端的验证机制，达到获取对称密钥监听加密数据的目的。

这种监听方式并不是秘密，事实上各个 App 的提供者和操作系统厂商对此都是非常了解的。但是对于在手机上使用浏览器中产生的 HTTPS 请求这样的漏洞是无法避免的，因为浏览器是一个公共工具，现实中确实存在用户需要自己安装一个非法的证书才能访问网站的情况。不过对于手机上的 App 来说，其实是没有这方面的顾虑的。App 只需要访问自己的服务器资源，不存在需要安装一个非法证书才能获取 App 所需数据的情况。因此 Google 在 Android 系统中添加了一个证书校验功能（苹果手机没有提供这个证书校验功能）。

证书校验功能简单来说就是在操作系统层面提供了一个方法，这个方法可以对 App 获取的证书进行校验，只有操作系统认为合法的证书才能通过校验。用户手动安装的非法证书是无法通过系统校验的，很不幸 Fiddler 的证书就是非法证书（没办法，Fiddler 太出名了，大家都知道它）。当然并不是所有应用都强制调用该功能，比如手机上的浏览器就不会调用这个方法来进行系统证书校验，本章之前举例的雪球 App 也没有使用这个证书校验功能。

一些对自己的数据比较珍惜、防护比较严密的 App 则会调用这个功能来进一步加强自身的数据安全，典型的 App 有知乎和 Bilibili。对于这两个 App 读者可以试一下，能否使用前面所讲的方法监听 App 的数据。总体来说 Android 系统的证书校验功能特点介绍如下。

➢ 只有系统信任的证书才能通过验证，验证标准更加严格。

➢ 证书校验功能能够提高对中间人劫持攻击的防护性。

➢ 使用系统证书校验功能能够提高 App 数据的安全性。

➢ 不是所有的 App 都会使用系统证书校验功能。

2. 证书校验功能破解

Android 在系统层面上提供了证书校验功能，是不是使用了这个功能的 App 数据就彻底安全无法被监听了呢？世界上没有攻不破的堡垒，既然是在系统层面提供的校验功能，那就可以从系统层面把这个功能禁掉。

因为涉及系统功能的禁用，前提条件是手机要获得系统权限（也就是通常所说的 root）。正常使用 App 是不需要 root 手机的，因为操作系统出于安全考虑将一些功能的修改设置成了 root 权限，这些功能均是与系统内核或框架相关的底层功能。一个"安分守己"正常的 App 是永远用不到这个权限的，一旦一个应用获得了 root 权限，那么对使用者的数据安全就会产生非常大的威胁，比如在你不知情的情况下打开手机摄像头进行录制。所以 root 手机前请三思！

市面上有很多用于获取 root 权限的应用，比如本章使用的是 "KingRoot" App 来对手机进行 root。这里简单介绍一下它的原理。我们知道操作系统是一个非常庞大复杂的体系，当一个事物越复杂时它就越可能存在漏洞。这些漏洞是开发者无意中留下的，它们会被精于安全技术的黑客（掌握计算机安全技术且以此作恶的人）或白帽子（掌握计算机安全技术但使用它们帮助厂商完善系统安全的人）发现并通过各种渠道发布出来。有些开发者将这些利用漏洞获取 root 权限的方法集中到一起开发出提供 root 服务的软件。在 root 软件运行时，其实质是将自己集成的、利用漏洞的方法一个一个进行尝试，如果成功了就获得了 root 权限。当然也有可能所有它知道的漏洞在当前这个系统上都已经被修复了，那么 root 操作就会失败。关于 root 软件大家要了解的内容如下。

➢　是非官方的，其实质是利用系统漏洞获得非法权限。

➢　不保证一定成功，事实上很有可能 root 失败。

➢　由于是利用漏洞，有可能对操作系统造成不可逆的伤害，因此不要在有重要数据的机器上使用 root 软件。

在有 root 权限的手机上安装 JustTrustMe。这个软件可以在 github 上搜索 JustTrustMe 下载安装。安装 JustTrustMe 后在手机上会出现一个名为 Xposed Installer 的应用。在应用中设置 Xposed Status 为打开状态，菜单中选择"模块"，并勾选 JustTrustMe 复选框，然后重启手机。如图 7.19～图 7.21 所示。

图7.19　设置Xposed Status　　　图7.20　在菜单中选择"模块"　　　图7.21　勾选JustTrustMe
状态　　　　　　　　　　　　　界面　　　　　　　　　　　　　复选框

完成以上设置后，在 Fiddler 中就可以观察到知乎 App 的 HTTPS 请求信息了。本书使用的知乎 App 的版本是 5.24.2，因 App 更新比较频繁，不能保证使用相同的方法可以监听到 App 的请求，需要根据实际情况选择对应的解决方案。监听结果如图 7.22 所示。

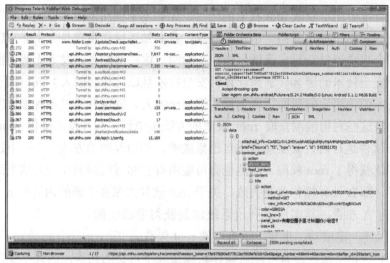

图7.22　Fiddler监听知乎App的HTTPS请求

读者可以通过扫描二维码观看破解 App 证书校验功能演示视频。

破解 App 证书
校验功能演示

示例 7-2

使用 Fiddler 分析知乎 App 推荐栏目列表数据接口，然后使用 Scrapy 爬虫框架爬取知乎 App 推荐栏目中至少 24 条回答的数据，并将回答对应的问题输出到控制台上。

分析如下。

➢ 知乎 App 使用了 Android 操作系统提供的系统级证书验证功能，使用 Fiddler 监听前需要将该功能禁用。方法是在获得 root 权限的手机上安装 JustTrustMe 并在软件中禁用系统证书验证功能。

➢ 知乎 App 使用的 HTTPS，因此还需要设置 Fiddler 可以监听手机上的 HTTPS 请求，也就是要在手机上安装 Fiddler 的证书。

➢ 在 Fiddler 上确定知乎 App 的接口，并观察接口的规律。可以发现知乎 App 数据接口中会返回 "next" 字段的值是加载下一页数据的 URL。

➢ 使用 Scrapy 爬虫框架爬取知乎 App 前 24 条推荐栏目下的回答数据。此处要在爬取时根据 Fiddler 中的显示合理设置请求头属性。

➢ 注意知乎 App 数据接口返回的数据格式是 JSON，因此需要使用 json 库对数据进行解析。

关键代码如下。

zhihu.py 源文件：

```
import scrapy
import json
from zhihu_spider.settings import *
class ZhihuSpider(scrapy.Spider):
    count=0
    name="zhihu_spider"
```

```
##破解出来的知乎推荐接口 API 的 URL 具体形式
start_urls=['…']
##程序开始运行
def start_requests(self):
    for url in self.start_urls:
        yield scrapy.Request(url,callback=self.parse,headers=DEFAULT_REQUEST_HEADERS)
##程序爬虫开始抓取
def parse(self,response):
    html=response.body.decode()
    #print(html)
    json_dict=json.loads(html)
    if "data" in json_dict:
        for i in range(0,len(json_dict["data"])):
            if json_dict["data"][i]["type"]=="common_card":
                ##打印最终结果
                self.count+=1
                print(json_dict["data"][i]["common_card"]["feed_content"]["title"]["panel_text"])
        if self.count<24:
            url=json_dict["paging"]["next"]
            yield scrapy.Request(url,callback=self.parse,headers=DEFAULT_REQUEST_HEADERS)
```

settings.py 源文件:

```
DEFAULT_REQUEST_HEADERS={
"x-api-version":"3.0.92",
"x-ad-styles":"brand_card_article=4;brand_card_article_multi_image=5;brand_card_article_video=4;br
and_card_multi_image=2;brand_card_normal=3;brand_card_question=4;brand_card_question_multi_image=
5;brand_card_question_video=4;brand_card_video=2;brand_feed_active_right_image=6;brand_feed_hot_sma
ll_image=1;brand_feed_small_image=3;plutus_card_image=12;plutus_card_multi_images=5;plutus_card_sm
all_image=5;plutus_card_video=5;plutus_card_word=4",
…
}
```

输出结果如图 7.23 所示。

图7.23　爬取知乎App结果

在破解 App 的数据接口时须明确认识到如下内容。

➢　不是所有的手机 App 接口都可以破解,如果 App 对接口进行了加密验证则很难破解。

➢　绝大部分 App 的 API 接口返回的数据格式是 JSON,并且是以明文的方式返回,也就是 JSON 数据未经过自定义的加密算法加密。但是也存在一些 App 对返回数据进行了加密，此时数据也是很难被破解的。

7.2.2 技能实训

使用 Fiddler 分析知乎 App 热榜栏目列表数据接口，然后使用 Scrapy 爬虫框架爬取知乎 App 热榜栏目前 10 个热门问题，并将问题输出到控制台上。

分析如下。

➤ 知乎 App 使用了 Android 操作系统提供的系统级证书验证功能，使用 Fiddler 监听前需要将该功能禁用。方法是在获得 root 权限的手机上安装 JustTrustMe 并在软件中禁用系统证书验证功能。

➤ 知乎 App 使用的 HTTPS，因此还需要设置 Fiddler 可以监听手机上的 HTTPS 请求，也就是要在手机上安装 Fiddler 的证书。

➤ 在 Fiddler 上确定知乎 App 的接口，并观察接口的规律。

➤ 使用 Scrapy 爬虫框架爬取知乎 App 热榜栏目下的前 10 条热门问题。此处要在爬取时根据 Fiddler 中的显示合理设置请求头属性。

➤ 注意知乎 App 数据接口返回的数据格式是 JSON，因此需要使用 json 库对数据进行解析。

本章小结

➤ App 的数据接口大多使用的是 HTTPS，因为相较于 HTTP 其保密性更好、监听的难度更高。

➤ 解析 App 数据接口需要使用 Fiddler，方法是将手机与 Fiddler 置于同一局域网中，并设置由 Fiddler 代理手机上网。搭建局域网的简便方式是用 Wi-Fi 分享软件通过电脑自带的无线网卡创建热点，搭建局域网环境。

➤ 使用 Fiddler 监听 App 的 HTTPS 请求，需要设置 Fiddler 的相关配置并在手机上安装 Fiddler 自带的证书（CA）。

➤ 对于使用了 Android 系统自带的证书验证功能的 App，可以在有 root 权限的手机上，通过第三方软件关闭系统的证书验证功能，从而达到监听的目的。

本章作业

一、简答题

1. 简述 Fiddler 监听 App 数据请求的原理。

2. 简述 HTTPS 与 HTTP 的联系和区别。

二、编码题

1. 使用 Fiddler 分析今日头条 App 的数据刷新接口。

2. 使用 Scrapy 多次请求作业 1 的数据刷新接口，并将请求结果输出到控制台上。

3. 使用 Fiddler 分析爱奇艺的视频搜索接口，并使用 Scrapy 爬取搜索"海贼王"时的视频信息，至少爬取 4 页上划刷新的数据。

第 8 章

分布式爬虫 Scrapy-Redis

本章资源下载

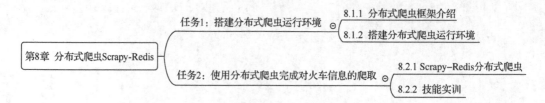

在小规模爬取的条件下，单机爬虫可以满足大部分的使用场景。但是对于企业级应用来说，还有一类数据爬取量很大、爬取时间要求较短的情况，此时就需要提高爬虫的爬取效率。主流的解决办法就是采用分布式爬虫来实现大规模数据的高效爬取。本章将向读者介绍分布式爬虫的构架，指导读者搭建自己的分布式模拟环境，并实现Scrapy-Redis 分布式爬虫的数据爬取功能的开发。

任务1 搭建分布式爬虫运行环境

【任务描述】

使用 VMware 虚拟机安装 CentOS Linux 操作系统搭建分布式爬虫运行环境，并完成Scrapy-Redis 分布式爬虫的安装、部署，实现数据爬取。

【关键步骤】

（1）安装 VMware 虚拟机。

（2）在 VMware 虚拟机上安 Linux 操作系统，版本选择 CentOS7。

（3）安装配置 Redis 数据库。

（4）搭建 Python3 虚拟环境。

（5）安装配置 Scrapy-Redis。

（6）部署 Scrapy-Redis，启动爬虫爬取数据。

8.1.1 分布式爬虫框架介绍

1. 单机爬虫

讲解分布式爬虫框架前我们先回顾一下 Scrapy 爬虫框架。Scrapy 爬虫框架是一个支持多线程的爬虫框架，在运行时会批量生成 Request 网络请求对象，这些对象会存储在框架的 Requests 队列中，由调度器 Scheduler 将队列中的 Request 对象通过 Scrapy Engine 转发给 Downloader 下载器进行页面爬取，如图 8.1 所示。

通过学习大家能够体会到，Scrapy 爬虫框架具有上手速度快、构架简单、能够快速部署使用等优点，这样的爬虫对于个人用户来说是可以满足绝大多数使用需求的，但是当需要爬取的数据量变得非常庞大时，单机爬虫的爬取性能就显得相对不足了。比如，比价网站需要爬取全网所有电商平台的商品信息，这个信息量是非常巨大的。使用单机爬虫爬取，可能需要耗费非常多的时间，对时间就是金钱、体验高于一切的比价服务市场，这显然是无法接受的。

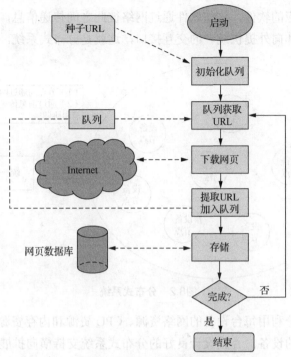

图8.1 Scrapy运行流程

现在我们从原理上分析一下单机爬虫的性能问题，它主要表现在以下两个方面。

① 在爬取过程中需要进行网络通信下载网页数据，而一台单独的设备接入互联网的带宽是有限的，带宽成为限制爬取效率提升的瓶颈之一。

② 爬虫采用多线程技术提高爬取效率，但是每多开一个线程就要占用一部分的 CPU 和内存资源，而一台设备的 CPU 或内存资源是有限的，设备的 CPU 和内存资源也成了限制爬虫爬取效率提升的瓶颈之一。

既然网络带宽、CPU、内存等资源限制了爬虫的爬取效率，那么加大带宽、换更快的 CPU、多插内存条是否可以提升爬虫的爬取效率呢？这的确是一种解决方案，但是这种解决方案一方面仍然会有性能瓶颈，只不过这个性能瓶颈会更高一些，另一方面是十分的费钱。不论是带宽、CPU 还是内存一旦超出了当前的主流配置，价格的增长曲线就会变得十分陡峭（8GB 的内存的价格乘以 8 买不来一个 64GB 的内存）。因此简单粗暴地增加资源并不是一个经济的解决方案。

2. 分布式系统简介

事实上在 IT 领域中，很多使用场景都面临着这样的问题：单个设备的性能提升远低于快速增长的业务量需求。这时，一种新的构架逐渐走上前台，这就是分布式系统。分布式系统是一个硬件和软件组件分布在不同的网络计算机上，每个计算机之间仅仅通过消息传递进行通信和协调的系统，如图 8.2 所示。

分布式系统的主要思想是，单台设备的性能是有限的，那么通过一种方式让多台设备串联在一起，形成一个整体就可以获得更高的性能。局域网技术可以以较低的价格、较快的速度将多台设备连成一个整体，网络中的每台设备称为一个节点。在每个节点上安装分布式系统对应的软件，这些软件通过网络彼此之间传递信息，沟通协调，就成为一个整体。这个整体向外提供统一的交互接口，这就是分布式系统。

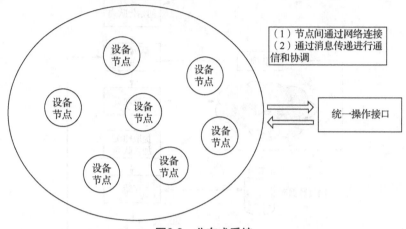

图8.2　分布式系统

分布式系统充分利用每台设备的网络资源、CPU 资源和内存资源，组合成的系统性能将远远高于单独的设备。并且设计良好的分布式系统支持横向扩展，当分布式系统的性能出现不足时，理论上只需要向系统中加入更多的设备节点，系统性能就会不断地提高。这种使用数量更多、价格更便宜、性能相对较低的设备获得更高性能的方式可以很大程度上节省成本。

注意

分布式系统并不是可以无限扩展的，当分布式系统中的节点越来越多时，系统软件的复杂度就可能越来越高，此时分布式系统软件的开发成本就会非常可观；而且当系统规模到了一定程度之后，加入新设备所能带来的性能提升可能因为越来越高的系统协调调度开销而变得越来越低。分布式系统也面临着维护困难等问题。因此分布式系统也有其自身存在的问题，需要理性认识。

3. 分布式爬虫

具体到爬虫上，分布式爬虫中的每台设备都同时执行数据爬取的工作，那么每台设备的网络带宽得以有效利用。每台设备上的爬虫节点在爬取到网络数据之后，在本机进行数据的提取工作，有效利用了每台设备的 CPU 和内存资源。最后所有的爬虫将经过处理的数据汇总到一起就可以高效地完成爬取任务。

在实现分布式爬虫系统时，最需要解决的问题是如何保证每个节点不会执行重复的网络请求。只有这样，系统中的各个节点才能充分利用各自的资源完成网络请求和数据处理，达到性能提升的目的。解决的方法是在系统内部维护一个共享的网络请求队列。按照将共享队列中的网络请求任务分配给节点的策略划分，分布式爬虫构架主要分为主从模式（master slave）和对等模式（peer to peer）。

主从模式的分布式爬虫从字面上就可以形象地想到它的工作模式，即在整个分布式系统中，有一个节点统领整个系统，它负责给所有的其他节点分派工作任务。本课介绍的 Scrapy-Redis 就是主从模式的分布式爬虫。

对等模式的分布式爬虫系统中，每个节点不存在分工上的差异，每个节点承担相同的功能，各自负担一部分 URL 的抓取工作。节点负责的 URL 由系统中预置的算法来决定。

这两种构架都能够实现分布式爬取，但都不是完美无缺的构架方式。比如主从模式的爬虫当爬取量非常大的时候，作为 Master 的节点可能由于工作量过大而成为整个系统性能提升的瓶颈；而对等模式的爬虫由于分配给每个节点的工作量是由算法决定的，每个节点的工作效率可能不同，有可能出现有的节点已经完成所有的任务了，而其他的节点还有很多任务没有完成以至于拖慢了整个系统的执行效率。不过不要担心，上面说的问题都是在非常极端的条件下才会发生的，这里将其介绍给大家的目的是为了说明：比较两个分布式爬虫不是简单地说哪个好、哪个坏，更多的时候要放到实际场景中进行比较。

单机爬虫与分
布式爬虫讲解

如果大家对单机爬虫和分布式爬虫还有疑惑，可以通过扫描二维码观看视频讲解。

4. Scrapy-Redis 分布式爬虫

Scrapy 本身是单机爬虫，但是在安装扩展第三方库后，可以被快速改造为分布式爬虫。大家已经知道 Scrapy-Redis 属于主从模式的爬虫，爬虫需要维护一个由所有的节点共享的用于网络请求的 Request 队列，并且在系统中要有一个节点作为 Master 节点来给其他 Slave 节点分派工作任务，协调各个节点，共同完成爬取任务。其体系结构如图 8.3 所示。

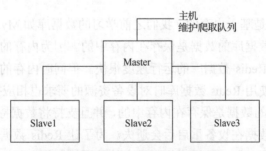

图8.3　Scrapy-Redis体系结构

通常学习到这里，大家会觉得既然是分布式爬虫，那么 Master 节点也一定是一个爬虫，并且既然它这么重要，能够协调整个系统的工作，也一定非常的复杂。这是一个初学者很容易陷入的思维陷阱。事实上在 Scrapy-Redis 分布式爬虫中，Master 节点并不是一个爬虫，其逻辑也不复杂，它就是一个 Redis 数据库。关于 Redis 数据库随后会有介绍，大家在这里只需要理解 Redis 数据库在整个系统中起到了维护 Requests 队列的功能即可。这个系统中 Slave 则是基于 Scrapy 进行分布式改造的爬虫，它执行网页爬取、数据提取、保存等工作。在 Scrapy-Redis 这个主从模式的分布式系统中，Master 本身并没有添加主动的调度功能，它只是实现了保证队列在系统内共享，并借助 Redis 数据库的技术特性实现了 Slave 从共享队列中获取的网络请求任务的唯一性。Slave 节点的调度器基于共享队列进行任务调度，如图 8.4 所示。

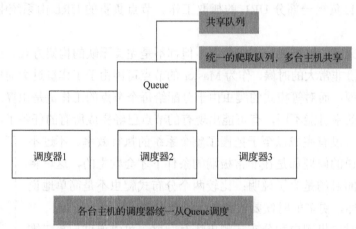

图8.4　共享队列与各节点调度器的关系

8.1.2　搭建分布式爬虫运行环境

在搭建分布式爬虫环境前，我们先来了解一下 Scrapy-Redis 爬虫框架使用到的非常重要的组成部分——Redis 数据库。

1. Redis *数据库*

Redis 数据库是基于内存的且可持久化的 NoSQL 数据库。这说明了 Redis 数据库的如下几个特点。

➤ Redis 数据库是基于内存的。我们之前学习的数据库如 MySQL 的数据是保存在硬盘上的，而 Redis 数据库的数据是保存在内存中的。因为内存的读写速度要远高于硬盘的读写速度，所以 Redis 数据库的运行速度很快。但同时内存的容量小于硬盘，价格又非常的高，所以在使用 Redis 数据库时对设备资源的要求也相应提高了。

➤ Redis 数据库的数据是保存在内存中的，并且支持将数据持久化到硬盘上。这是因为保存在内存中的数据在设备重启后会遗失。为了让 Redis 数据库在设备重启后仍然不丢失数据，可以配置 Redis 数据库将内存中的数据持久化到硬盘上，当设备重启后，Redis 重新加载硬盘上的数据库就又可以恢复工作了。可见，它的数据持久化更多的是为了支持数据的备份恢复功能，与 MySQL 数据库的数据持久化不同。

➤ Redis 数据库是 NoSQL 数据库。NoSQL 的意思不是 Not SQL，而是 Not Only SQL。之前学习的 MySQL 数据库是关系型数据库，可以通过 SQL 语言来操作数据库中的数据。但是数据库的形式其实不一定都要是关系型的，比如 Redis 数据库以 Key-Value 的形式存储数据。

表 8-1 展示了 Redis 数据库的主要特点。

表 8-1　Redis 数据库的特点

特点	说明
速度快	使用 C 语言开发，所有数据存储在内存中
多种持久化方式	所有数据存储在内存中，支持将数据异步更新备份到硬盘上
支持多种数据结构	String、List、Set、Hash、Zset
支持多种编程语言	Java、PHP、Pyhton、Ruby、Lua、JavaScript
功能丰富	支持事物，流水线，发布/订阅、消息队列等功能

Redis 数据库凭借自身所具有的这些优点，除了在我们学习的 Scrapy-Redis 分布式爬虫中被使用到，它还在企业中有非常广泛的应用，是大型软件项目不可缺少的组成部分。

2. 使用 Redis 数据库

Redis 数据库同时支持在 Windows 和 Linux 上安装使用。本课将介绍如何在 Linux 上安装使用 Redis 数据库。平常我们更多的是使用 Windows 操作系统来进行办公学习，基于这个原因，本书的 Scrapy 框架的学习也都是在 Windows 操作系统上完成的。不过在企业中大部分的商用服务器都是使用 Linux 操作系统的，这是由 Linux 的开源性、免费性、稳定性的特点所决定的。而在分布式爬虫企业实践中，爬虫通常也是部署在 Linux 操作系统上的，虽然 Scrapy-Redis 分布式爬虫系统也可以部署在 Windows 操作系统上，但这种做法非常少见。所以接下来的内容，我们将转战 Linux 操作系统。

（1）搭建虚拟分布式测试环境

学习分布式系统的开发一般需要至少 3 台独立的设备来进行验证，因为通常情况下认为 3 台设备组成的分布式系统试验成功代表在更多设备的情况下也可以成功运行。所以我们后续搭建的测试环境为 3 台设备，其中 1 台作为 Master 节点，2 台作为 Slave 节点。理想条件下应该使用 3 台相互独立，并处于同一局域网内的物理机来搭建测试环境，但是基于价格和搭建复杂度等因素的考虑，本书选用搭建虚拟环境来模拟多台设备的分布式效果。

虚拟机（Virtual Machine）是通过软件模拟的具有完整硬件系统功能、运行在一个完全隔离环境中的完整计算机系统。可以简单理解为在一台设备上启动一个应用，这个应用可以达到一个窗口对应一个独立设备的效果，并且这些设备还处于同一个局域网内。这样通过虚拟机我们就可以快速而经济地搭建虚拟分布式测试环境了。我们选用的是 VMware 虚拟机（VMware Workstation）来搭建分布式环境，VMware 具有简单易用等特性，在企业中也被广泛地使用。大家可以通过 VMware 的官网下载安装 VMware 虚拟机，选择 Workstation12 以上版本即可。

虚拟机仅仅是提供了一个模拟的硬件环境，它本身并不是操作系统，因此在安装完成之后还需要下载操作系统的安装文件，安装操作系统。这里选择 CentOS7.4 以上的 Linux 版本，可以在 CentOS 的官网下载操作系统的安装镜像。

虚拟分布式爬虫测试环境列表如表 8-2 所示。

表 8-2　虚拟分布式测试环境

环境	说明
模拟环境	3 个虚拟机：1 个 Master，2 个 Slaves。机器名简称 Master、Slave1 和 Slave2
虚拟机	VMware Workstation12 以上版本
操作系统	CentOS7.4 以上版本

3 台虚拟机的 CentOS 操作系统安装完成后，都需要修改系统配置以完成网络连接，配置步骤如下。

① 切换到网络配置文件夹。

cd /etc/sysconfig/network-scripts/

② 使用 su 命令切换到 root 用户模式。

③ 使用 ls 命令查看 ifcfg-eno 后面对应的数字，以 eno32 为例。

vi ifcfg-eno32

④ 修改编辑该文件。

设置 ONBOOT=yes，启用网络连接。

⑤ 保存文件后，重启操作系统。

⑥ 重启系统查看系统局域网 ip，如图 8.5 所示。

```
[root@localhost ~]# ip address
1: lo: <LOOPBACK,UP,LOWER_UP> mtu 65536 qdisc noqueue state UNKNOWN qlen 1
    link/loopback 00:00:00:00:00:00 brd 00:00:00:00:00:00
    inet 127.0.0.1/8 scope host lo
       valid_lft forever preferred_lft forever
    inet6 ::1/128 scope host
       valid_lft forever preferred_lft forever
2: ens33: <BROADCAST,MULTICAST,UP,LOWER_UP> mtu 1500 qdisc pfifo_fast state UP qlen 1000
    link/ether 00:0c:29:44:34:72 brd ff:ff:ff:ff:ff:ff
    inet 192.168.43.128/24 brd 192.168.43.255 scope global dynamic ens33
       valid_lft 1761sec preferred_lft 1761sec
    inet6 fe80::71e7:4346:71e3:d2c5/64 scope link
       valid_lft forever preferred_lft forever
```

图8.5　查看当前系统局域网ip地址

从图 8.5 中可以看出当前虚拟机的 ip 是 192.168.43.128。这里要注意的是，默认情况下创建的虚拟机会和宿主 Windows 系统处于同一局域网内，如果不是，则会引起实验失败。

提示

　① vi 是 CentOS 自带的文本编辑工具基本命令如下。

　➢ 打开文件：vi xxx

　➢ 切换成编辑模式：点击 "i" 键

　➢ 退出编辑模式：点击 "ESC" 键

　➢ 保存并关闭文件：在非编辑模式下输入 ":wq"

② 操作虚拟机上的系统，通常不直接操作虚拟机，而是通过 SSH 客户端（如 XShell）连接系统进行操作。使用 SSH 客户端可以方便地完成开启新的交互界面、上传文件等功能。安装 SSH 客户端后，创建新的连接并填写虚拟机的 ip、用户名、密码信息即可在 SSH 客户端中操作虚拟机。

（2）下载编译 Redis 数据库

① 3 台虚拟机都完成安装后，须在 Master 上安装 Redis 数据库。Linux 系统下安装工具比 Windows 下要烦琐，安装某些软件前还需要先安装其他的依赖软件。请大家运行以下安装命令，安装前置依赖软件。

sudo yum groupinstall "Development tools"

sudo yum install zlib-devel bzip2-devel openssl-devel ncurses-devel sqlite-devel readline-develtk-devel gdbm-devel db4-devel libpcap-devel xz-devel

进行这一步的时候可能会出现找不到文件夹或者目录的情况，可以忽略，不影响使用。

② 安装 wget 网络下载工具。

yum -y install wget

③ 下载 Redis 数据库源文件压缩包（通常在用户目录的根目录使用 mkdir software 命令创建文件夹用于保存软件的安装包）。

wget… （Redis 数据库源文件压缩包下载地址）

④ 解压文件。

tar xzf redis-4.0.2.tar.gz

⑤ 进入解压后的文件夹中编译安装 Redis 数据库。

cd redis-4.0.2

make

make install

（3）配置并测试 Redis 数据库

在 Redis 源代码目录的 utils 文件夹中有一个名为 redis_init_script 的初始化脚本文件。需要在其中配置 Redis 的运行方式和持久化文件、日志文件的存储位置。步骤如下。

① 配置初始化脚本。

首先将初始化脚本复制到/etc/init.d 目录中，文件名为 redis_端口号，其中端口号表示要让 Redis 监听的端口号，客户端通过该端口连接 Redis。然后修改脚本第 6 行的 REDISPORT 变量的值为同样的端口号。

② 建立相关文件夹，如表 8-3 所示。

表 8-3　Redis 文件夹

目录	说明
/etc/redis	存放 Redis 的配置文件
/var/redis/端口号	存放 Redis 的持久化文件

③ 修改配置文件。

首先将配置文件模板（redis-4.0.2/redis.conf）复制到/etc/redis 目录中，以端口号命名（如 "6379.conf"），然后对其中的部分参数进行编辑，如下所示。

```
protected-mode no
注释#bind 127.0.0.1
```

④ 启动或停止 Redis 数据库。

启动数据库的方法：/etc/init.d/redis_6379 start

关闭数据库的方法：/etc/init.d/redis_6379 stop

⑤ 测试通过 ip 和端口连接已经启动的 Redis 数据库。

测试前使用 iptables -F 命令关闭 Master 上的防火墙，以免出现连接失败的情况。这里需要注意的是，为了演示方便，选择的 iptables -F 命令是临时关闭防火墙，当系统重启后防火墙会被再次启动。如果需要永久关闭防火墙，请读者自行查找相关资料实现，本书不做介绍。

关闭防火墙后，在 Master 上使用以下命令连接 Redis 数据库。

```
redis-cli -h server_ip -p server_port
```

连接成功后的效果如图 8.6 所示。

```
[root@localhost ~]# redis-cli -h 192.168.43.128 -p 6379
192.168.43.128:6379>
```

图8.6　通过ip和端口连接已经启动的Redis数据库

ip 地址是启动了 Redis 数据库的虚拟机的 ip 地址，可以使用 ip address 命令查看。端口则是前面配置的端口 6379。注意，此时无法在 Slave1 或 Slave2 上连接 Master 上的 Redis 数据库，原因是 Slave1 和 Slave2 上没有安装 Redis 数据库。如果 Slave 机安装了 Redis，那么在所有虚拟机处于同一局域网下，并且 Master 上已经启动 Redis，防火墙也关闭了的条件下，就可以使用相同的命令，将 Slave 机连接上 Master 的 Redis 数据库。

读者可以通过扫描二维码观看搭建虚拟分布式测试环境并安装测试 Redis 数据库的演示视频。

搭建虚拟分布式
测试环境并安装
测试 Redis 数据库
演示

（4）使用 Windows 上的 GUI 工具连接 Redis 数据库

为了方便查看 Redis 数据库上的数据，可以在 Windows 上安装 GUI 工具 Redis Desktop Manager，该工具可以从官网下载。安装完成后填写 Master 的 ip 和 Redis 数据库配置的端口，就可以查看 Redis 数据库上的数据了，如图 8.7 所示。

（5）操作 Redis 数据库

Redis 数据库的功能非常强大，本书仅聚焦于在 Scrapy-Redis 中使用到的 Redis 操作方法。Redis 在分布式爬虫系统中的作用之一是维护共享队列，队列由 Redis 数据库支持的列表结构实现。Slave 节点不断地向列表中添加新的 Request（从页面中提取的新的目标 URL），并取走列表中的 Request（执行网页下载），达到了使所有节点协调有序工作的目的。因此本书介绍两个操作列表结构的方法，如表 8-4 所示。

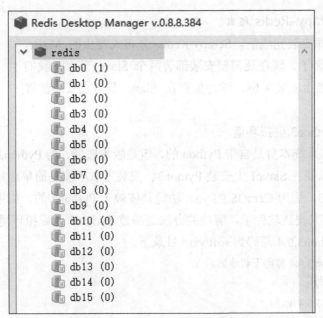

图8.7　GUI工具连接Redis数据库

表 8-4　Redis 操作列表的方法

方法	语法	说明
LPUSH	LPUSH key value1[value2]	将一个或多个值插入列表头部
LRANGE	LRANGE key start stop	返回列表 key 中下标在 start 和 stop 之间的元素

示例 8-1

向 Redis 数据库中以列表的形式插入数据，其中 key 为 book，值为 "Python" 和 "Java"。分别在命令行和 GUI 工具中查看 books 键对应的值。

分析如下。

➤　向 Redis 数据库中以里列表的形式插入数据使用 LPUSH 方法。

➤　查看列表中的数据使用 LRANGE 方法。

实现步骤如下。

lpush books "Python" "Java"

lrange books 0-1

输出结果，如图 8.8 所示。

```
[root@localhost ~]# redis-cli -h 192.168.43.128 -p 6379
192.168.43.128:6379> lpush books "Python" "Java"
(integer) 2
192.168.43.128:6379> lrange books 0 -1
1) "Java"
2) "Python"
```

图8.8　Redis数据库操作演示

Redis 数据本身是一个功能强大，应用场景很广的数据库，读者可以通过扫描二维码了解更多的 Redis 数据库操作方法。

3. 安装 Scrapy-Redis 爬虫

Redis 数据库安装完成后，Scrapy-Redis 分布式爬虫的 Master 节点已经完成部署了，现在还需要安装部署两个 Slave 节点。我们以在 Slave1 节点上安装为例，学习如何在 Slave 节点上安装部署 Scrapy-Redis。

Redis 数据库操作
方法扩展

（1）搭建 Python3 虚拟环境

CentOS 操作系统本身是自带 Python 的，但是版本较低，为 Python2。而我们需要的是 Python3，所以要在 Slave1 上安装 Python3。安装方法不能是简单地将 Python2 卸载，然后安装 Python3，因为 CentOS 的 yum 功能是依赖于 Python2 的，如果卸载了 Python2 就不能通过 yum 来安装软件了，解决的办法是搭建 Python3 的虚拟环境，步骤如下。

① 下载 Python3.6.4 源码到 software 目录下。

wget...（Python 3.6.4 源码下载地址）

② 压缩包解压。

tar xzf Python-3.6.4.tgz

③ 进入解压缩完后的文件夹。

cd Python-3.6.4

④ 依次执行命令编译安装 Python。

./configure
sudo make
sudo make install

⑤ 使用编译安装 Python3 过程中的 pip 包管理工具，安装 virtualenv python 环境隔离工具。

pip3 install virtualenv

⑥ 建立 Python3 独立环境。

virtualenv –p /usr/local/bin/python3/ py3env

⑦ 切换或退出 Python3 环境的命令。

切换为 Python3 环境：./py3env/bin/activate

退出 Python3 环境：deactivate

成功切换为 Python3 环境后的效果如图 8.9 所示。

```
[root@localhost ~]# . /py3env/bin/activate
(py3env) [root@localhost ~]#
```

图8.9　切换到Python3环境

virtualenv 在操作系统中虚拟了一个独立的 Python3 环境，在该环境下安装的任何软件都不会影响到操作系统自带的 Python2；而且在该环境下执行的命令，都是使用 Python3 来运行的。

（2）安装 Scrapy-Redis

完成 Python3 虚拟环境的搭建后就可以在该环境下安装 Scrapy-Redis 了。安装步骤如下。

① Scrapy 的安装依赖于 twisted，但 twisted 对编译器有版本要求，所以推荐使用离线下载安装方式安装 twisted，将 twisted 安装包下载到 software 目录下。

wget...（twisted 安装包下载地址）

tar -xvf Twisted-18.4.0.tar.bz2

cd Twisted-18.4.0

python setup.py install

② 安装 Scrapy-Redis 依赖包。

sudo pip install scrapy

sudo pip install scrapy_redis

sudo pip install redis

这样就完成了在 Slave1 上安装 Scrapy-Redis 的工作。Slave2 以同样的方式安装即可。读者可以通过扫描二维码观看安装 Scrapy-Redis 爬虫的演示视频。

安装 Scrapy-Redis
爬虫演示

 注意

如果在安装 Scrapy-Redis 时没有将环境切换到 Python3 就会安装失败，这是初学者经常会犯的错误，需要注意。

任务 2　使用分布式爬虫完成对火车信息的爬取

【任务描述】

使用分布式爬虫从 8684 网站爬取北京到上海的火车信息，并将数据保存到 MongoDB 数据库中。

关键步骤如下。

（1）编写 Scrapy-Redis 分布式爬虫。

（2）在 Master 机上安装配置 MongoDB 数据库。

（3）将 Scrapy-Redis 部署在 Slave1 和 Slave2 上。

（4）启动分布式爬虫将数据保存到 MongoDB 中。

8.2.1　Scrapy-Redis 分布式爬虫

1. 开发 Scrapy-Redis 爬虫

Scrapy-Redis 是在 Scrapy 爬虫框架上的扩展，它保留了 Scrapy 大部分的处理逻辑，我们只需要做简单的修改，就能将单机 Scrapy 爬虫改造成能够在分布式环境下使用的 Scrapy-Redis 分布式爬虫。

（1）修改 settings.py 配置文件

把 Scrapy 改造成 Scrapy-Redis 需要修改其 Requests 队列的获取方式和调度方法，修改的方法是在 settings.py 模块中配置使用 Scrapy-Redis 的调度器替换 Scrapy 调度器，使用共享的 Requests 队列替换 Scrapy 本地队列，并将 Slave 节点与 Master 节点相连，设置属性如表 8-5 所示。

表 8-5　settings.py 属性表

属性名称	说明
SCHEDULER	指定调度器
DUPEFILTER_CLASS	指定去重过滤器
REDIS_HOST	指定 Redis 数据库的 ip
REDIS_PORT	指定 Redis 数据库的端口

（2）修改 Spider 爬虫

完成框架配置的改造后，继续改造 Spider 爬虫文件。将爬虫类的父类修改为 RedisSpider，爬虫类添加类属性 redis_key，并给 redis_key 设置字符串类型的属性，这个 redis_key 的值与 Scrapy 的 name 属性一样，是启动分布式爬虫的关键属性。爬虫的其他结构与 Scrapy 爬虫一样，不需要做额外的修改。

完成分布式爬虫的改造后，使用命令行启动 Slave 上的爬虫后，爬虫会进入等待状态，如图 8.10 所示。

```
[scrapy.core.engine] INFO: Spider opened
[scrapy.extensions.logstats] INFO: Crawled 0 pages (at 0 pages/min), scraped 0 items (at 0 items/min)
[scrapy.extensions.telnet] DEBUG: Telnet console listening on 127.0.0.1:6023
[scrapy.extensions.logstats] INFO: Crawled 0 pages (at 0 pages/min), scraped 0 items (at 0 items/min)
```

图8.10　Slave节点启动后进入等待状态

此时在 Master 节点的 Redis 数据库中使用 LPUSH 命令添加爬虫的 start_url，等待运行的 Slave 爬虫节点就可以开始爬取工作了。启动爬虫命令如下。

LPUSH redis_key 的值 start_url

示例 8-2

使用 Scrapy-Redis 分布式爬虫从 8684 网站爬取北京到上海的火车信息，并将爬取下来的数据输出到控制台上。

分析如下。

➤　确定北京到上海火车信息列表页面的 URL。

➤　构架为 1 个 Master，2 个 Slaves。

➤　修改 settings.py 替换爬虫使用的 SCHEDULER 和 SCHEDULER_QUEUE_CLASS，设置 Redis 数据库的 ip 和端口，并设置爬虫爬取频率为 5，便于效果观察。

➤　修改爬虫类的父类，添加 redis_key 类变量，并赋值为字符串类型，作为启动爬虫的关键属性。

➤　在爬虫爬取时使用 Redis GUI 观察 Redis 数据库中的数据变化。

关键代码如下。

settings.py 配置文件：

```
SCHEDULER="scrapy_redis.scheduler.Scheduler"
DUPEFILTER_CLASS="scrapy_redis.dupefilter.RFPDupeFilter"
REDIS_HOST='192.168.124.128'
REDIS_PORT=6379
```

example_spider.py 爬虫文件：

```
import scrapy
from scrapy_redis.spiders import RedisSpider
class ExampleSpiderSpider(RedisSpider):
    name='example_spider'
    redis_key="examplespider:start_urls"
    #start_urls=['…']
    pre_url="…"
    def parse(self,response):
        line_urls=response.xpath('//div[@class="item"]/ul/li[1]/a/@href').extract()
        for line_url in line_urls:
            yield scrapy.Request(self.pre_url+line_url,callback=self.detail_parse)
    def detail_parse(self,response):
        slave='129'
        line=response.xpath('//div[@class="subHd fcc"]/p/text()').extract_first()
        items=response.xpath("//div[@class='checi_info']/table/tbody/tr")
        stations=[]
        for item in items[1:]:
            station=item.xpath("./td[2]/a/text()").extract_first()
            stations.append(station)
            stations=",".join(stations)
        print(slave)
        print(line)
        print(stations)
```

输出结果如图 8.11 所示。

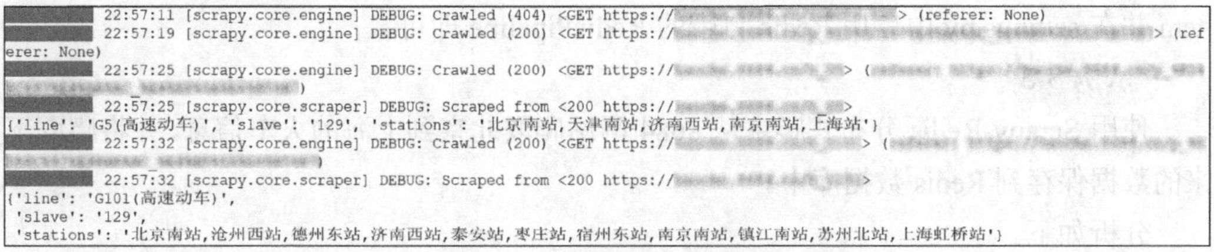

```
   22:57:11 [scrapy.core.engine] DEBUG: Crawled (404) <GET https://                    > (referer: None)
   22:57:19 [scrapy.core.engine] DEBUG: Crawled (200) <GET https://                    > (ref
erer: None)
   22:57:25 [scrapy.core.engine] DEBUG: Crawled (200) <GET https://                    >
                                                       )
   22:57:25 [scrapy.core.scraper] DEBUG: Scraped from <200 https://                    >
{'line': 'G5(高速动车)', 'slave': '129', 'stations': '北京南站,天津南站,济南西站,南京南站,上海站'}
   22:57:32 [scrapy.core.engine] DEBUG: Crawled (200) <GET https://                    > (       )
   22:57:32 [scrapy.core.scraper] DEBUG: Scraped from <200 https://                    >
{'line': 'G101(高速动车)',
 'slave': '129',
 'stations': '北京南站,沧州西站,德州东站,济南西站,泰安站,枣庄站,宿州东站,南京南站,镇江南站,苏州北站,上海虹桥站'}
```

图8.11　分布式爬虫爬取效果

当分布式爬虫运行时，可以看到在 Redis 数据库中生成了 2 个表 dupefilter 和 requests，如图 8.12 所示。

这两个表的功能如下。

dupefilter 是实现分布式爬虫去重的表，每一个完成爬取的页面会根据其 URL 生成一个唯一的标识（称为指纹）保存在其中。完成爬取后，只要分布式爬虫没有重启过则爬取过的网页指纹会一直保存在这个表中。

Chapter
8

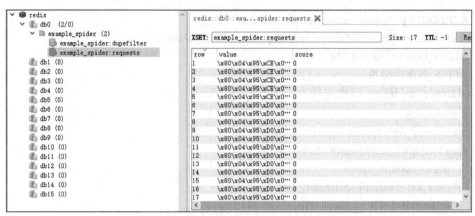

图8.12　分布式爬虫运行时Redis数据库状态

requests 是分布式爬虫系统中用于保存共享网络请求的表，也就是 Master 的核心功能。这个表中最初的数据通过 LPUSH 方法添加，是爬取的起始页面。分布式爬虫启动后，requests 表中的数据会被爬虫 Slave 节点取走，从列表中移除；在 Slave 节点中提取的网页 URL 创建的 Request 对象又会被添加到这个列表中。因此 requests 表中的数据是不断变化的、流动的，当 requests 中没有 Reqeusts 对象时表示已经没有新的页面需要爬取了，本次爬取工作完成。

2. 分布式爬虫数据保存

分布式爬虫的数据保存仍然是通过 pipeline 实现的，但是因为爬取工作是在不同设备上完成的，此时数据不应在本地保存，而是应统一汇总到一起。保存的方法是将爬取的数据保存到局域网中的数据库当中（数据库支持在局域网中通过 ip 和端口操作数据库）。分布式爬虫系统的数据库可以选择任何一种主流的数据库，如 MySQL、MongoDB、Redis 等。

（1）将爬取的数据保存到 Redis 数据库中

如果要将数据保存到 Redis 数据库中，不需要自己开发新的 pipeline 类，只需定义item 并在 settings.py 中启用 Redis 自带的 RedisPipeline 即可。

示例 8-3

使用 Scrapy-Redis 分布式爬虫从 8684 网站爬取北京到上海的火车信息，并将爬取下来的数据保存到 Redis 数据库中。

分析如下。

➢ 定义 item，并在爬虫文件中提取目标数据，构造 item 对象赋值后返回。

➢ 修改 settings.py 替换启用 RedisPipeline。

➢ 在爬虫爬取时使用 Redis GUI 观察 Redis 数据库中的数据变化。

关键代码如下。

settings.py 配置文件：

```
ITEM_PIPELINES={
    'scrapy_redis.pipelines.RedisPipeline':400,
}
```

当分布式爬虫运行时，可以看到在 Redis 数据库中生成了 3 个表，除 dupefilter 和 requests 外还多了 item 表，如图 8.13 所示。

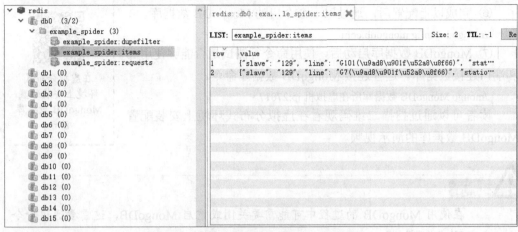

图8.13 爬取数据保存到Redis数据库中

（2）将爬取的数据保存到 MongoDB 数据库中

item 表中保存了分布式爬虫爬取下来的数据。这里要注意，如果爬虫重启或数据库重启都会导致 Redis 数据库中的数据丢失，因此将数据保存到 Redis 中并不是一种常用的保存方式。更普遍的情况是将数据保存到 MySQL 或 MongoDB 等数据库中，因为这类数据库是将数据保存在硬盘上的。我们以 MongoDB 为例讲解在分布式爬虫系统中保存数据。

我们在 Master 虚拟机上安装配置 MongoDB 数据库的步骤如下。

① 使用 wget 命令下载 MongoDB。

wget…（MongoDB 下载地址）

② 解压压缩包。

tar-xvf mongodb-linux-x86_64-rhel62-v3.6-latest.tgz

③ 将解压包拷贝到指定目录。

mv mongodb-linux-x86_64-rhel62-3.6.8-85-g9739f4e597 /usr/local/mongodb

④ 创建数据库目录。

cd /usr/local/mongodb/bin

mkdir -p data/test/db

mkdir -p data/test/logs

⑤ 创建并配置文件 mongodb.conf。

#设置数据文件的存放目录

dbpath=/usr/local/mongodb/bin/data/test/db

#设置日志文件的存放目录及其日志文件名

logpath=/usr/local/mongodb/bin/data/test/logs/mongodb.log

#设置端口号（默认的端口号是 27017）

port=27017

#设置为以守护进程的方式运行，即在后台运行

```
#fork=true
#设置允许远程连接的 ip 地址，以逗号分割（根据实际情况添加 Master 和 Slave 的 ip）
bind_ip=192.168.43.128,130,131
```

⑥ 完成以上配置后，通过以下命令启动 MongoDB 数据库。

```
./mongod–config mongodb.conf
```

⑦ MongoDB 数据库启动后，使用命令行测试是否能够使用 ip 和端口连接数据库。远程连接 MongoDB 数据库命令。

```
./mongo MongoDB 数据库所在虚拟机 ip:27017
```

在虚拟分布式
环境上安装配置
MongoDB 数据库
演示

读者可以通过扫描二维码观看在虚拟分布式环境上安装配置 MongoDB 数据库的演示视频。

 提示

> 在使用 MongoDB 的过程中可能需要关闭或重启 MongoDB，这需要通过命令来实现。步骤如下。
> ① 查看 mongodb 进程的 PID：ps aux|grep mongodb
> ② 关闭 mongodb 进程：kill -15 PID

在 Scrapy-Redis 中自定义 pipeline 将数据保存到 MongoDB 数据库中与在 Scrapy 中的实现方法相同，在此就不做重复介绍了，请大家参考之前的章节来实现。

示例 8-4

使用 Scrapy-Redis 分布式爬虫从 8684 网站爬取北京到上海的火车信息，并将爬取下来的数据保存到 MongoDB 数据库中。

关键代码：

pipeline.py 文件：

```
import pymongo
class ScrapyMonoDBPipeline():
    def open_spider(self,spider):
        self.conn–pymongo.MongoClient('192.168.124.129',27017)
        self.db=self.conn.huoche_db
        self.huocheinfo=self.db.huoche_info
    def process_item(self, item, spider):
        self.huocheinfo.insert({"slave":item['slave'],
                "line":item['line'],
                'stations':item['stations']})
    def close_spider(self, spider):
        self.conn.close()
```

因为本章中设计到了多台虚拟设备，读者可能会产生迷惑，可参考表 8-6 安装配置环境。

表 8-6 Scrapy-Redis 分布式爬虫环境安装配置表

设备名称	设备角色	安装的软件	操作
Windows	宿主，提供硬件平台	VMware 虚拟机 Redis GUI Xshell（SSH 连接工具）	① 安装虚拟机 ② 通过 Redis GUI 观察 Redis 数据库的变化
Master 虚拟机	分布式爬虫的 Master 节点	Redis 数据库 MongoDB 数据库	① 安装配置 Redis 数据库，通命令行启动分布式爬虫 ② 安装配置 MongoDB 数据库，用于保存爬虫爬取的数据
Slave1 虚拟机	分布式爬虫的 Slave 节点-1	virtualenv Python3 Scrapy Scrapy_Redis Redis PyMongo	① 安装 virtualenv 构建 Python 虚拟运行环境 ② 安装配置 Scrapy 爬虫框架 ③ 部署分布式爬虫工程，启动爬虫后等待 Master 分配爬取任务
Slave2 虚拟机	分布式爬虫的 Slave 节点-2	virtualenv Python3 Scrapy Scrapy_Redis Redis PyMongo	操作与 Slave1 虚拟机相同

8.2.2 技能实训

使用分布式爬虫抓取前程无忧招聘网站上的岗位信息，爬取要求如下。

（1）爬取数据分析岗位的招聘信息。

（2）爬取招聘信息中的岗位名称和职位信息，并将爬取的数据保存到 MongoDB 数据库中。

分析如下。

➢ 使用 VMware 搭建虚拟分布式环境，3 个虚拟机（1 个 Master，2 个 Slave），虚拟机上安装 CentOS7.4 以上版本的 Linux 系统。

➢ 在 Master 上安装配置 Redis 数据库、MongoDB 数据库。

➢ 在 Slave 上安装部署 Scrapy-Redis 爬虫。

➢ 在 Redis 数据库中使用 LPUSH 命令启动分布式爬虫。

本章小结

➢ 分布式爬虫的优势是可以通过横向扩展突破性能瓶颈。

➢ 分布式爬虫的构架可以采用主从模式和对等分布模式，二者均没有绝对的优劣势，但是各有各的问题。

➢ Scrapy-Redis 采用的是主从模式的构架，Master 利用 Redis 库的特性实现了共享网络请求队列。

➢ 可以将分布式爬虫爬取的数据保存到 Redis 数据库或 MongoDB 数据库中，保存到 Redis 时不需要自定义新的 pipeline，但保存在 Redis 中的数据可能因为爬虫和数据库重启而丢失，因此使用时需要注意。

本章作业

一、简答题

1. 简述 Redis 数据库的特点。

2. 简述 Scrapy_Redis 的类型、共享队列实现方法和爬虫构架。

二、编码题

1. 在自己的计算机上使用 VMware 和 CentOS 搭建虚拟环境（1 个 master，2 个 slave），在 master 机上安装 Redis 数据库，实现从 slave 机上连接 Redis 数据库。

2. 在第 1 道编码题的基础上安装 Scrapy-Redis 数据库，并开发 Scrapy-Redis 以爬取智联招聘网站上的招聘信息。

（1）岗位搜索关键词：数据分析、数据挖掘、算法、机器学习、深度学习、人工智能。

（2）爬取每个搜索关键词的列表首页的招聘信息，进入每个招聘信息的详情页，从详情页面提取以下信息（招聘名称、职位信息、薪资、职位福利、经验要求、学历要求、公司名称、公司行业、公司性质、公司人数、公司概况）并保存到 Redis 数据库中。

3. 在第 2 道编码题的基础上安装 MongoDB 数据库，并开发 Scrapy-Redis 以爬取智联招聘网站上的招聘信息。

（1）岗位搜索关键词：数据分析、数据挖掘、算法、机器学习、深度学习、人工智能。

（2）爬取每个搜索关键词的列表首页的招聘信息，进入每个招聘信息的详情页，从详情页面提取以下信息（招聘名称、职位信息、薪资、职位福利、经验要求、学历要求、公司名称、公司行业、公司性质、公司人数、公司概况）并保存到 MongoDB 数据库中。

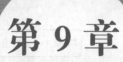

第 9 章

Python 数据分析

技能目标

➤ 掌握 ndarray 的特点及常用方法。
➤ 掌握使用 Pandas 从不同数据源加载数据的方法。
➤ 掌握使用 Series 和 DataFrame 的常用统计分析方法。
➤ 掌握使用 Matplotlib 绘制基本统计分析图形的方法。

本章任务

任务 1: 使用 Pandas 统计招聘信息中城市名称出现的次数。
任务 2: 使用 Matplotlib 实现招聘信息中城市名称出现次数的可视化
展示。

本章资源下载

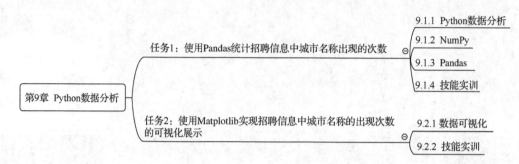

从之前的章节中，我们已经学了如何开发网络爬虫，将数据抓取下来并保存在本地。然而数据抓取和保存并不是最终目的。对数据进行一定的分析、挖掘，从数据中得到一些有意义的结果和结论，或者从数据中总结出一些经验，这些才是真正的获取数据的最终目的。数据抓取只是为最终目的提供了铺垫，也就是获取到这些待分析的数据。本章将会介绍使用 Python 的第三方库来做数据分析以及对结果进行可视化展示的方法。

任务 1　使用 Pandas 统计招聘信息中城市名称出现的次数

【任务描述】

本任务将从数据分析介绍开始，首先讲解什么是数据分析，之后会介绍使用 Python 做数据分析的优势、常用的工具和第三方库。之后会以一份招聘样本数据为例，对 Python 的常用第三方数据分析库 NumPy 和 Pandas 进行详细介绍。

【关键步骤】

（1）了解 Python 数据分析的常用工具。

（2）使用 Python 第三方库 NumPy 进行数据分析。

（3）使用 Python 第三方库 Pandas 进行数据分析。

9.1.1　Python 数据分析

1．数据分析

数据分析是指用适当的统计分析方法对收集来的大量数据进行分析，提取有用信息并形成结论，从而对数据加以详细研究和概括总结的过程。

通俗地来说，数据分析可大致分为两类。

（1）入门级的描述性数据分析，其方法主要有对比、平均、交叉分析等。

（2）高级的探索和验证数据分析，其分析方法主要有相关分析、回归分析、因子分析等。

在日常工作和生活中，我们经常不自觉地进行或者接触到数据分析。比如我每个月的消费比同事每个月的消费高，会对两人消费数据进行比较分析。又比如，最近考虑在北京租/买房子，会综合考虑到公司的距离、价格、通勤时间等因素。这些场景都属于数据分析。

数据分析在广义上来说不仅仅包含分析这么一个步骤，它经常也表示为一系列对数据的操作。数据分析的步骤可以大致分为以下 6 步。

（1）明确分析目标。数据分析要根据具体场景和具体需求来选择分析方式。分析的目标可大致分为三类。

① 对现状进行描述性分析，给决策者提供数据层面的支撑。

② 原因分析，弄清造成某种现状的原因。

③ 为事务将来的发展趋势做出预测，指导决策者做出相应决策。

（2）数据收集。有了明确的分析目标，首先应获得数据，然后对数据进行分析，最终达到既定目标。网络爬虫是一种很常用的数据收集方法。

（3）数据处理。数据处理常用的方法如下。

① 数据清洗。

② 数据转化。

③ 数据提取。

④ 数据计算。

其目的是把杂乱无章的数据处理成可以分析的格式化数据。

（4）数据分析。使用统计学原理或者算法模型对数据进行分析和挖掘，借助数据分析软件或框架来协助完成数据分析过程。

（5）数据展现。使用可视化工具，将数据以图表或者图文报告的形式进行展示。

（6）得出结论/做出模型。最终得出数据分析的结论或者做出可用的模型。

 注意

> 数据分析的成果通常是图文结合的数据分析报告。使用算法训练做出预测模型，也属于数据分析的范畴，但通常它被称为数据挖掘或机器学习。可以说数据分析是数据挖掘和机器学习必不可少的前置知识。

2．Python 数据分析

Python 是一门非常适合做数据分析的语言，其主要原因有以下 4 点。

（1）Python 语言简单、易学，适合初学者作为入门语言。

（2）Python 拥有一个巨大而活跃的科学计算社区。这表示 Python 有大量高性能科学计算库来支持数据分析，让数据分析变得高效和简便。

（3）Python 拥有强大的通用编程能力。不同于 R 或者 matlab，Python 不仅在数据分析方面非常强大，在爬虫、Web、自动化运维甚至游戏等领域都有广泛的应用。

（4）Python 是人工智能时代的通用语言。在人工智能火热的今天，Python 已经成为最受欢迎的人工智能编程语言，大部分深度学习框架都优先支持 Python 语言编程。

Python 数据分析常用的库如下。

（1）NumPy：高性能科学计算库。

（2）Pandas：高效的数据分析、处理工具库。

（3）Matplotlib：Python 绘图库，使用非常简易的接口绘制图形。

（4）Scipy：统计方法工具库，它封装了许多常用的统计分析方法和算法。

（5）Sklearn：Python 机器学习库，它用统一的接口封装了许多常用的机器学习算法。

3．Jupyter Notebook

Python 数据分析的"最佳伙伴"当属 Jupyter Notebook，它与 PyCharm 一样，都是 Python 的一种开发工具。Jupyter Notebook 是一个交互式笔记本，它支持 40 多种编程语言。它的本质是一个 Web 应用程序，可以非常方便地创建和共享程序文档，支持实时运行代码、数学方程、可视化和 Markdown。

安装 Jupyter Notebook 非常简单，只需要在终端中输入：

pip install Jupyter

即可自动完成 Jupyter Notebook 的安装。安装完成之后，新建一个项目目录并启动 Jupyter Notebook 需要在终端中切换到项目目录下输入：

jupyter notebook

启动了 Jupyter Notebook 之后，浏览器会自动打开 Jupyter Notebook 的页面，如图 9.1 所示。

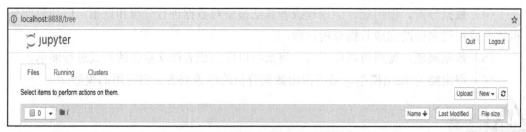

图9.1　Jupyter Notebook启动页面

在图 9.1 中，单击 New 选项，在弹出的下拉列表中选择 Python3。它表示我们需要新建一个 Python3 的交互式笔记本，交互式笔记本的后缀为.ipynb。新建 ipynb 文件如图 9.2 所示。

ipynb 文件新建完成之后，就已经进入了 Jupyter Notebook 的编辑界面，默认该文件名为 untitled，通过点市标题可以对文件重命名，如图 9.3 所示。

图9.2　新建ipynb文件

重命名

请输入入代码名称：

Untitled

取消　重命名

图9.3　重命名

在 Jupyter Notebook 中，可以在 cell 中输入 Python 代码并执行，如图 9.4 所示。

图9.4　编辑和执行代码

更多 Jupyter Notebook 的使用和操作方法读者可通过扫描二维码了解。

Jupyter Notebook
的使用和操作方
法扩展

9.1.2　NumPy

NumPy（Numeric Python）是 Python 中科学计算的基础包。它是一个 Python 库，提供了多维数组对象和各种派生对象，以及快速操作的各种函数，包括数学、逻辑、形状操作、排序、选择、傅立叶变换、基本线性代数、基础统计运算、随机模拟等。

NumPy 的底层使用 C 语言编写，并且在内部实现了对 Python 解释器锁（PIL）的解锁，使其并行运算的效率远高于 Python 的基础数据结构。它同时也作为许多数据分析库、科学计算库、机器学习算法库的底层库。NumPy 有超过 10 年的历史，核心算法经过了长时间、多人次的验证，非常稳定，并且 NumPy 的扩展性非常好，可以很容易集成到其他语言（Java，C#）中。

NumPy 的核心是 ndarray 对象，该对象是一个 N 维数组对象（N-dimension array）。它是一个快速而灵活的大数据集容器，该对象由两部分组成。

（1）实际的数据。

（2）描述这些数据的元数据。

大部分的 ndarray 操作仅仅是修改元数据部分，而不会改变其底层的实际数据。

可以直接将 ndarray 看作一种新的数据类型，就像 list、tuple、dict 一样。但在 ndarray 中，所有元素的数据类型必须是一致的。它支持的数据类型如表 9-1 所示。

表 9-1　ndarray 支持的数据类型

名称	描述
bool	用一个字节存储的布尔类型（True 或 False）
inti	用所在平台决定其大小的整数（一般为 int32 或者 int64）
Int8	一个字节大小，从 -128 至 127
Int16	整数，-32768 至 32767
Int32	整数，-2**31 至（2**31）-1
Int64	整数，-2**63 至（2**63）-1
uint8	无符号整数，0 至 255

续上表

名称	描述
uint16	无符号整数，0 至 65535
uint32	无符号整数，0 至（2**32）−1
uint61	无符号整数，0 至（2**64）−1
float16	半精度浮点数：16 位，正负号 1 位，指数 5 位，精度 10 位
float32	半精度浮点数：32 位，正负号 1 位，指数 8 位，精度 23 位
float64 或 float	半精度浮点数：64 位，正负号 1 位，指数 11 位，精度 52 位
complex64	复数，分别用两个 32 位浮点数表示实数部和虚部
complex128 或 complex	复数，分别用两个 64 位浮点数表示实数部和虚部

构造和创建 ndarray 常用的方法有两种。

➢ 使用 array()方法创建 ndarray。

➢ 使用 arange()方法快速创建 ndarray。

示例 9-1

使用两种方法构造一维 ndarray，数据为 1～8 的连续整数，打印出 ndarray 中的数据类型和数据形状。然后改变 ndarray 的形状，将其转换为二维数组。

分析如下。

➢ 查看 ndarray 数组中数据的类型，可以使用 dtype 属性。

➢ 查看 ndarray 数组中数据的形状，可以使用 shape 属性。

➢ 调整 ndarray 数组中数据的形状，可以使用 reshape()方法。

关键代码如下。

```
import NumPy as np
a=np.array([1,2,3,4,5,6,7,8])
c=np.arange(1,9)
print(a)
print(c)
print(a.dtype)
print(a.shape)
#调整数组形状为 4,2
a.shape=(4,2)
print("调整数组形状为 4,2:\n",a)
#调整数组形状为 2,n
a.shape=(2,-1)
print("调整数组形状为 2,n:\n",a)
#调整数组形状为 n,2
a.shape=(-1,2)
print("调整数组形状为 n,2:\n",a)
#将 a 的形状改回 1 维数组
a.shape=(-1)
b=a.reshape(-1,2)
```

print("a 调用 reshape 后的形状：\n",a)

print("b 调用 reshape 后的形状：\n",b)

输出结果：

[1 2 3 4 5 6 7 8]

[1 2 3 4 5 6 7 8]

int32

(8,)

调整数组形状为 4,2:

[[1 2]

　[3 4]

　[5 6]

　[7 8]]

调整数组形状为 2,n:

[[1 2 3 4]

　[5 6 7 8]]

调整数组形状为 n,2:

[[1 2]

　[3 4]

　[5 6]

　[7 8]]

a 调用 reshape 后的形状：

[1 2 3 4 5 6 7 8]

b 调用 reshape 后的形状：

[[1 2]

　[3 4]

　[5 6]

　[7 8]]

除了示例 9-1 中提到的属性和方法之外，ndarray 还有许多常用的属性和方法，如表 9-2 和表 9-3 所示。

表 9-2　ndarray 常用属性

属性名	描述
dtype	描述数组中元素的类型
shape	以 tuple 的形式，表示数组的形状
ndim	数组的维度
size	数组中元素的个数
itemsize	数组中元素在内存所占字节数
T	数组的转置
flat	返回一个数组的迭代器，对 flat 赋值将导致整个数组的元素被覆盖
real/imag	给出复数数组的实部/虚部
nbytes	数组占用的存储空间

表 9-3　ndarray 常用方法

方法名	描述
reshape()	返回一个给定 shape 的数组的副本
resize()	返回给定 shape 的数组，原数组的 shape 发生改变
flatten()	返回展平数组，原数组不改变
astype()	返回指定元素类型的数组副本
fill()	将数组元素全部设定为一个标量值
sum()/prod()	计算所有数组元素的和/积
mean()/var()/std()	返回数组元素的均值/方差/标准差
max()/min()/median()	返回数组元素的最大值/最小值/取值范围/中位数
argmax()/argmin()	返回最大值/最小值的索引
sort()	对数组进行排序，axis 指定排序的轴，kind 指定排序算法，默认是快速排序
tolist()	将数组完全转为列表数据类型
compress()	返回满足条件的元素构成的数组

ndarray 数组还支持各类基础运算。

➢ 相同形状的 ndarray 数组之间，加减乘除运算时对应位置的元素进行运算。

➢ ndarray 数组与数值之间，加减乘除运算时，数值和数组的每个元素进行运算。

示例 9-2

创建两个二维数组，形状为（2，4），数值为 1～8 的整数。对数组做基础计算。

关键步骤如下。

① 创建数组 arr1，使用 array()方法创建。

② 创建数组 arr2，使用 arange()方法创建，并使用 reshape()方法改变形状。

③ 对 arr1 和 arr2 进行基础运算，对 arr1 与数值进行基础运算，并打印。

关键代码如下。

```
import NumPy as np
arr1=np.array([[1,2,3,4],
               [5,6,7,8]])
arr2=np.arange(1,9).reshape(2,4)
print(arr1*arr2,'\n')
print(arr1+arr2,'\n')
print(arr1+1,'\n')
print(arr1*2,'\n')
```

输出结果：

```
[[ 1  4  9 16]
 [25 36 49 64]]
[[ 2  4  6  8]
 [10 12 14 16]]
[[2 3 4 5]
 [6 7 8 9]]
[[ 2  4  6  8]
 [10 12 14 16]]
```

9.1.3　Pandas

Pandas 是基于 NumPy 并为了解决数据分析任务而创建的分析工具。Pandas 纳入了大量的数据分析库和标准数据模型，提供了高效地操作大型数据集所需的工具。Pandas 提供了大量能使我们快速便捷地处理数据的函数和方法。它是使 Python 成为强大而高效的数据分析环境的重要原因之一。

Pandas 提供两种主要的数据结构。

① Series，它是一个一维数组对象，类似于 NumPy 的一维 ndarray。但不同的是，Series 除了包含一组数值，还包含一组索引，通俗地可以将它理解为一组带索引的一维数组。

② DataFrame，它是一个二维表格型的数据结构。与 Excel 表格、数据库表非常相似。DataFrame 每一列可以看作一个 Series，可以将 DataFrame 理解为 Series 的容器。

1．Series 操作数据

创建 Series 可以使用 Series()方法进行，它接收一个序列作为必要参数，像 list 和 ndarray 都可以作为参数。参数的内容会成为 Series 的数值，它的索引可以自定义，但是长度要和数值一样。如果没有自定义设置索引，Series 将自动地为这组数值创建索引，索引是从 0 开始的连续整数。例如，创建一个 0～9 的 Series，使用 Pandas.Series(range(10)) 进行创建，打印之后输出结果如图 9.5 所示，自定义索引如图 9.6 所示。

```
In [8]:  import pandas as pd

         series = pd.Series(range(10))
         series

Out[8]:  0    0
         1    1
         2    2
         3    3
         4    4
         5    5
         6    6
         7    7
         8    8
         9    9
         dtype: int64
```

图9.5　打印Series输出结果

```
In [7]:  import pandas as pd

         series = pd.Series(range(10),index=range(2,12))
         series

Out[7]:  2     0
         3     1
         4     2
         5     3
         6     4
         7     5
         8     6
         9     7
         10    8
         11    9
         dtype: int64
```

图9.6　自定义索引

在图 9.5 中，输出结果的第一列就是 Series 自动创建的索引，而第二列是 Series 的值，要分别获取 Series 的索引和值，可以使用它的常用属性。

➤ Series.index，获取 Series 的索引，为其赋值可以直接修改其索引。需要注意的是，索引的长度要与值的长度相同，它返回一个序列，可以直接将其作为 list 使用。

➤ Series.values，获取 Series 的值，它返回一个序列，可以直接将其作为 list 使用。

Series 同样可以完成所有的基础运算。它的基础计算方式与 ndarray 类似，由于 Series 是带有索引的，它在计算中会自动对齐不同索引的数据，计算如图 9.7 所示。

```
招聘网站_1:           招聘网站_2:           招聘网站_1+招聘网站_2:
成都    234           北京    543      上海      944.0
大连    123    +      大连    230    = 北京     1175.0
上海    532           成都    112      大连      353.0
北京    632           深圳    321      成都      346.0
杭州    265           上海    412      杭州       NaN
dtype: int64         dtype: int64     深圳       NaN
                                      dtype: float64
```

图9.7　Series根据索引计算

Series 要操作数据，需要使用它的许多方法，Series 的常用方法如表 9-4 所示。

表 9-4　Series 常用方法

方法	描述
iloc[start:end]	通过 index 索引截取 Series 中的数据，不包括 end
head(n)	截取 Series 中的前 n 条数据
[]	根据[]中的条件截取 Series 中的数据
sort_values()	按照 Series 的值进行排序，默认是升序，设置降序:ascending=False
value_counts()	用来计算 Series 里面相同数据出现的频率，生成新的 Series
max()/min()	返回 Series 中的最大值和最小值
mean()/median()	求均值/中位数
var()/std()	求标准差
isnull()	判断是否为空值

示例 9-3

在城市名单列表中（示例代码中体现），使用 Series 实现以下操作。

➤ 将城市信息保存在 Series 中。

➤ 统计城市名称出现的次数。

➤ 将城市名按照出现的次数升序排列。

➤ 输出城市名出现的次数的平均值。

➤ 输出前 5 个出现次数最多城市信息。

➤ 输出排名 2～4 的城市信息。

关键步骤如下。

> 使用 Series()方法创建对象。
> 使用 value_counts()方法统计城市名称出现的次数。
> 使用 sort_values()方法对城市名出现次数升序排序。
> 使用 means()方法求平均值。
> 使用 head()方法输出前 5 条数据。
> 使用 iloc[]选取排名第 2~4 的城市。

关键代码如下。

```
import Pandas as pd
jobs_in_cities=pd.Series(['成都','大连','上海','北京','杭州','北京','大连','成都','深圳','上海','成都','大连','上海','北京','深圳','北京','大连','成都','深圳','上海','沈阳','沈阳','长春','太原','大连','北京','北京'])
cities_counts=jobs_in_cities.value_counts()
print(cities_counts)
print(cities_counts.sort_values())
print(cities_counts.mean())
print(cities_counts.sort_values(ascending=False).head(5))
print(cities_counts.iloc[1:4])
```

输出结果：

```
北京     6
大连     5
上海     4
成都     4
深圳     3
沈阳     2
太原     1
长春     1
杭州     1
dtype:int64
太原     1
杭州     1
长春     1
沈阳     2
深圳     3
上海     4
成都     4
大连     5
北京     6
dtype:int64
3.0
北京     6
大连     5
成都     4
上海     4
```

```
深圳      3
dtype:int64
大连      5
上海      4
成都      4
dtype:int64
```

2. DataFrame *操作数据*

DataFrame 是一个表格型的数据结构。它提供有序的列和不同类型的列值。创建
DataFrame 可以使用 DataFrame()创建，其中 data 参数是必要参数，它可以是一个二维列
表或者是一个字典。DataFrame 的索引和列名都可以自定义，如果创建 DataFrame 时没
有传入索引和列名，那么 DataFrame 将自动创建索引和列名，它们都是从 0 开始的连续
整数。如果创建 DataFrame 时 data 参数传入的是字典，那么字典中的键将被作为
DataFrame 的列名，值将作为该列的值。创建 DataFrame 示例如图 9.8～图 9.10 所示。

```
In  [3]: a=[[1,2,3],
            [4,5,6]]
         df = pd.DataFrame(a)
         df

Out[3]:
             0  1  2
         0   1  2  3
         1   4  5  6

In  [ ]:
```

图9.8　二维列表创建DataFrame

```
In  [4]: a=[[1,2,3],
            [4,5,6]]
         index = ['第一行','第二行']
         columns = ['第一列','第二列','第三列']
         df = pd.DataFrame(data=a,index=index,columns=columns)
         df

Out[4]:
              第一列  第二列  第三列
         第一行    1    2    3
         第二行    4    5    6
```

图9.9　DataFrame设置索引名和列名

```
In  [5]: b = {
            '第一列':[1,2,3],
            '第二列':[4,5,6],
            '第三列':[7,8,9],
         }
         df = pd.DataFrame(b)
         df

Out[5]:
              第一列  第三列  第二列
         0     1    7    4
         1     2    8    5
         2     3    9    6
```

图9.10　使用字典创建DataFrame

DataFrame 可以看成由多个 Series 组成。DataFrame 中的每一列就是一个 Series，它们共享同一个索引。获取 DataFrame 的索引和列名，可以直接调用 index 和 cdumns 属性；获取 DataFrame 中的某一行、某一列或者某一个数据时，可以使用 iloc[]方法进行选取。iloc[]方法接受两个参数，第一个参数表示 index 的索引，第二个参数表示 cdumns 的索引。如我们想获取 DataFrame 中的第二行第三列的数据，可以使用 iloc[1,2]来选取。如我们想获取 DataFrame 中的第二列数据，可以使用 iloc[:,1]，":"表示选取所有的值。

操作 DataFrame 需要用到它的许多方法，如表 9-5 所示。

表 9-5　DataFrame 常用方法

方法	描述
describe()	输出 DataFrame 各列的描述信息
head(n)	输出前 n 行数据
reset_index()	重新设置默认索引，将索引设置为从 0 开始的连续整数
df['col_name']	通过列名获取 DataFrame 中的一列，返回 Series 对象
drop()	删除指定行或列
iloc[index_index,col_index]	通过 index 的索引值和列的索引值选取具体数据
isnull()	显示 DataFrame 中的空值状态，如果存在空值则为 True
reindex()	重新设置自定义索引

示例 9-4

美国各州人口情况表如表 9-6 所示。

表 9-6　人口情况表

State（州）	Year（年份）	Pop（人口指数）
Ohio	2000	1.5
Ohio	2001	1.7
Ohio	2002	3.6
Nevada	2001	2.4
Nevada	2002	2.9

使用 DataFrame 完成以下操作。
➢ 将数据保存到 DataFrame 中。
➢ 输出 DataFrame 的描述信息。
➢ 取出 DataFrame 的前三行数据。
➢ 取出 DataFrame 的第一列数据。
➢ 取出 DataFrame 的第四行第三列数据。

关键步骤如下。
➢ 使用 DataFrame()方法创建 DataFrame。
➢ 使用 describe()方法输出描述信息。
➢ 使用 head()方法取出前三行数据。

➢ 使用 df['col_name']或者使用 iloc[]的方式取出 DataFrame 的第一列数据。

➢ 使用 iloc[]取出第四行第三列数据。

关键代码如下。

```
import Pandas as pd
population_infos=pd.DataFrame({'pop':[1.5,1.7,3.6,2.4,2.9],
                'state':['Ohio','Ohio','Ohio','Nevada','Nevada'],
                'year':[2000,2001,2002,2001,2002]})
population_infos
population_infos.describe()
population_infos.head(3)
population_infos.iloc[:,0]
population_infos.iloc[3,2]
```

输出结果如下。

	pop	state	year
0	1.5	Ohio	2000
1	1.7	Ohio	2001
2	3.6	Ohio	2002
3	2.4	Nevada	2001
4	2.9	Nevada	2002

	pop	year
count	5.000000	5.00000
mean	2.420000	2001.20000
std	0.864292	0.83666
min	1.500000	2000.00000
25%	1.700000	2001.00000
50%	2.400000	2001.00000
75%	2.900000	2002.00000
max	3.600000	2002.00000

	pop	state	year
0	1.5	Ohio	2000
1	1.7	Ohio	2001
2	3.6	Ohio	2002

0	1.5
1	1.7
2	3.6
3	2.4
4	2.9

```
Name:pop,dtype:float64
2001
```

3．Pandas 加载数据

之前提到，Pandas 可以通过 Series()和 DataFrame()将数据存放在 Series 或 DataFrame 里，通过 Pandas 中的方法进行数据分析。但实际中，数据经常存放在文件中（CSV、SQL、JSON），它们不能直接使用 Series()或 DataFrame()方法载入数据。这时需要使用到 Pandas 读取文件的方法。Pandas 中常用的读取文件的方法有以下几种。

➢ 读取 CSV 文件。read_csv(file_path)，它接收文件路径作为参数，返回 DataFrame 对象。如图 9.11 所示。

从csv加载数据

```
In [13]: jobs_csv = pd.read_csv("./jobs_csv.csv")
         jobs_csv
```

Out[13]:

	company_name	location	salary	title	url
0	航天信息	北京	面议	网络爬虫工程师	https://
1	北京敏捷艾科数据技术有限公司	北京	6000-10000	Python爬虫开发工程师	http://
2	软通动力信息技术(集团)有限公司	北京	20001-30000	北京-高级JAVA爬虫开发工程师	http://
3	北京科锐国际人力资源股份有限公司	北京	10001-15000	python爬虫工程师	http://
4	北京鼎阅广告传媒有限责任公司	北京	20000-30000	Java高级爬虫工程师	http://
5	北京奇虎科技有限公司	北京	面议	爬虫工程师	http://
6	北京斗米优聘科技发展有限公司	北京	18000-35000	高级爬虫工程师	http://
7	美菜网	北京	20001-30000	爬虫开发工程师	http://
8	北京汉能光伏投资有限公司	北京	15001-20000	爬虫工程师(025452)	http://
9	北京汉能光伏投资有限公司	北京	15001-20000	爬虫工程师（Python）(026663)	http://
10	美团点评	北京	面议	数据产品经理（爬虫）—外卖事业部#3975	http://

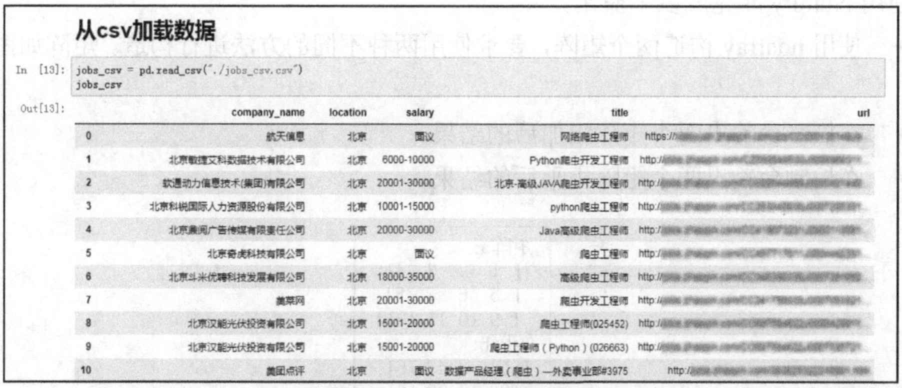

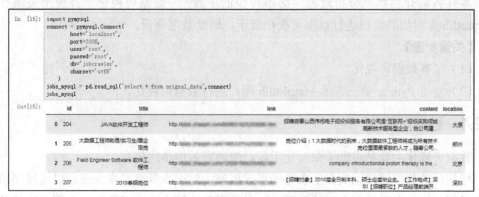

图9.11　从CSV文件加载数据

➢ 读取 JSON 文件。read_json(file_path)，它接收文件路径作为参数，返回 DataFrame 对象。如图 9.12 所示。

```
In [14]: jobs_json = pd.read_json("./jobs_json.json")
         jobs_json
```

Out[14]:

	company_name	location	salary	title	url
0	航天信息	北京	面议	网络爬虫工程师	https://
1	北京敏捷艾科数据技术有限公司	北京	6000-10000	Python爬虫开发工程师	http://
2	软通动力信息技术(集团)有限公司	北京	20001-30000	北京-高级JAVA爬虫开发工程师	http://
3	北京科锐国际人力资源股份有限公司	北京	10001-15000	python爬虫工程师	http://
4	北京鼎阅广告传媒有限责任公司	北京	20000-30000	Java高级爬虫工程师	http://
5	北京奇虎科技有限公司	北京	面议	爬虫工程师	http://
6	北京斗米优聘科技发展有限公司	北京	18000-35000	高级爬虫工程师	http://
7	美菜网	北京	20001-30000	爬虫开发工程师	http://
8	北京汉能光伏投资有限公司	北京	15001-20000	爬虫工程师(025452)	http://

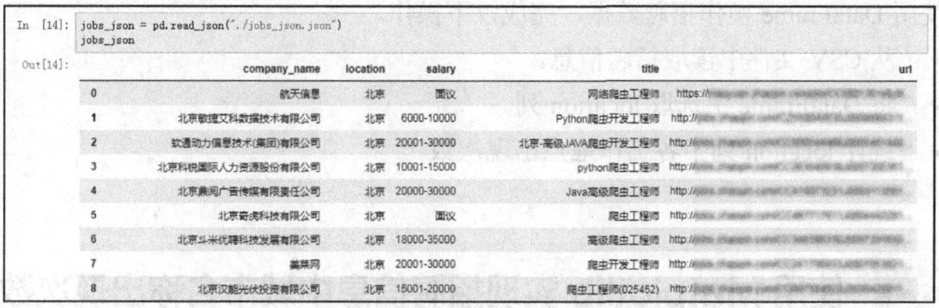

图9.12　从JSON文件加载数据

➢ 读取关系型数据库。read_sql(sql,conn)，它接收两个参数。第一个参数 sql 需要输入一段查询语句，使用 select * from table_name 可以将数据表中所有的数据都加载进来。第二个参数 conn 表示一个连接对象，也就是连接数据的通用配置。如图 9.13 所示。

```
In [15]: import pymysql
         connect = pymysql.Connect(
                 host='localhost',
                 port=3306,
                 user='root',
                 passwd='root',
                 db='jobcrawler',
                 charset='utf8'
             )
         jobs_mysql = pd.read_sql("select * from orignal_data",connect)
         jobs_mysql
```

Out[15]:

	id	title	link	content	location
0	204	JAVA软件开发工程师	http://	招聘启事山西伟拓电子招投标服务有限公司是"互联网+"招标采购领域高新技术服务型企业，由公司建...	太原
1	205	大数据工程师助理/实习生/国企定岗	http://	岗位介绍：1.大数据时代的到来，大数据软件工程师将成为所有技术岗位里面最紧缺的人才，随着公司...	郑州
2	206	Field Engineer Software 软件工程师	http://	company introductioniba proton therapy is the ...	北京
3	207	2018春招岗位	http://	【招聘对象】2018届全日制本科、硕士应届毕业生，【工作地点】深圳【招聘职位】产品经理前端开...	深圳

图9.13　从关系型数据库中加载数据

9.1.4 技能实训

1. 矩阵操作

使用 NumPy 库完成以下操作。

➤ 使用 ndarray 构造两个矩阵，要求使用两种不同的方法进行构造。矩阵如图 9.14 所示。

➤ 在控制台输出两个矩阵相加后的结果。

➤ 在控制台输出两个矩阵相乘后的结果。

```
矩阵a:
[[ 1  2  3  4]
 [ 5  6  7  8]
 [ 9 10 11 12]]
矩阵b:
[[12  3 43 76]
 [23 12 98 12]
 [55 77 90 12]]
```

图9.14 示例矩阵

2. 操作招聘数据

使用 DataFrame 操作招聘数据，完成以下操作。

➤ 从 CSV 文件中读取招聘信息。

➤ 将 DataFrame 中选取 location 列。

➤ 统计 location 列中各工作地点出现次数。

任务 2 **使用 Matplotlib 实现招聘信息中城市名称出现次数的可视化展示**

【任务描述】

本任务将介绍数据分析过程中必不可少的步骤——数据可视化，并使用最流行的 Matplotlib 库对招聘数据进行数据可视化展示，辅助数据分析。

【关键步骤】

（1）了解数据可视化。

（2）使用 Python 第三方库 Matplotlib 库，进行数据可视化。

9.2.1 数据可视化

数据可视化主要是借助于图形化手段，清晰有效地传达信息。

结构化的数据通常以类似于表格的形式展现，对于少量数据来说还可以通过简单的观察了解数据，发现数据之间的联系。一旦数据量比较大，或者数据与数据之间的关联比较隐晦，这种展示数据的方式就非常不合适了。此时数据可视化技术就有了用武之地，因为人们对图形信息的处理能力比数字信息要高效很多，所以采用恰当的方式对数据进行图形化处理并展示能够极大地提升人们对数据的理解效率。

在数据分析、数据挖掘、人工智能领域数据可视化都占有非常重要的地位，在商业领域数据可视化技术的使用场景也越来越多，越来越重要。

1. Matplotlib 绘图库

Matplotlib 是一个非常优秀的 2D 绘图库，它使用 Python 语言进行开发，能够非常好地和 NumPy、Pandas 等 Python 数据分析库搭配使用、辅助数据分析。如图 9.15 所示，是 Matplotlib 绘图示例。

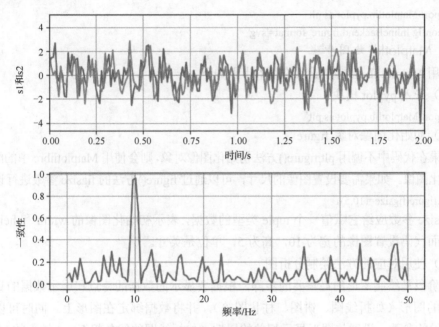

图9.15　Matplotlib绘图示例

 注意

> 如果用户安装的是 Anaconda 环境，那么 NumPy、Pandas、Matplotlib 库已经预装好了，如果在导入库时报错，可以使用 pip install NumPy/Pandas/Matplotlib 进行安装。

Matplotlib 默认不支持中文，在使用 Matplotlib 之前，需要对其进行设置。通常有两种常用的方法对其设置，使其良好的支持中文。

（1）每次在导入 Matplotlib 库后，添加如下代码（只对本次有效）。

```
import Matplotlib.pyplot as plt
plt.rcParams['font.sans-serif']=['SimHei']
plt.rcParams['axes.unicode_minus']=False
```

（2）在 Matplotlib 的配置文件中进行如下设置。

➤ 找到路径 "./Anaconda3/lib/site-packages/Matplotlib/mpl-data/Matplotlibrc"，接着编辑 Matplotlibrc 文件，修改以下代码。

```
font.family :sans-serif
font.sans-serif :SimHei,DejaVu Sans,Bitstream Vera Sans,Lucida Grande,Verdana,Geneva,Lucid,
Arial,Helvetica,Avant Garde,sans-serif
axes.unicode_minus :True
```

➤ 保存文件并重启 Jupyter 即可。设置配置文件可以做到一劳永逸。

Matplotlib 默认不绘制矢量图，这样可能会造成某些图形失真，设置 Matplotlib 绘制矢量图只需要在导入 Matplotlib 之后添加如下代码。

```
import Matplotlib.pyplot as plt
%config InlineBackend.figure_format='svg'
```

2. Matplotlib **绘图步骤**

使用 Matplotlib 绘制分析图的基本步骤如下。

（1）导入 pyplot 模块

```
import Matplotlib.pyplot as plt
```

（2）初始化图像对象 figure

如果在代码中不调用 plt.figure()方法初始化图像对象，则会使用 Matplotlibrc 中的配置信息初始化图像。如果需要设置图像的尺寸，可以通过 figure()方法的 figsize 参数进行设置。

```
plt.figure(figsize=(10,5))
```

figsize 参数应给它赋值一个 tuple 类型的数据，表示初始化图像的 width 和 height 属性。上面代码设置图像的宽为 10，高为 5，单位是英寸。

（3）使用对应的方法绘制分析图

此阶段是绘制图形的最重要的步骤，根据要显示的数据的特点和展示数据的目标选择合适的图形（如折线图、饼图、柱状图等），并将数据绑定在图形上。同时可以通过 API 提供的参数，设置与图形显示相关的属性（如折线图的线条粗细，x 轴上的 label 显示内容等）。常用图形的绘制方法如下。

➤ 柱状图：plt.bar(x,y)，参数为 x,y 轴的数据。

➤ 折线图：plt.line(x,y)，参数为 x,y 轴的数据。

➤ 饼图：plt.pie(x,labels)，参数为数据的百分比以及数据对应标签。

（4）添加分析图的附加设置

这一步可以省略，不会影响分析图的正常显示。在这一步通常会给分析图加上图题等属性，这些附加设置可以显著地提高分析图的可读性，增加分析图上数据的丰富性。

（5）显示或生成分析图

最后一步是显示或生成分析图。如果要显示图片，则调用 plt.show()方法。如果要将生成的分析图另作他用，则调用 plt.save()方法，将图片保存到文件中。

示例 9-5

使用 Matplotlib 显示个工作地点出现的次数。

关键步骤如下。

➢ 从 CSV 文件中加载招聘数据。

➢ 统计 location 列中工作地点出现的次数。

➢ 使用 Matplotlib 绘制图形展示数据。

① 使用柱状图展示数据。

② 使用饼状图展示数据。

关键代码如下。

```
import Pandas as pd
import Matplotlib.pyplot as plt
plt.rcParams['font.sans-serif']=['SimHei']
%config InlineBackend.figure_format='svg'
jobs_csv=pd.read_csv("jobs_csv.csv")
location=jobs_csv['location']
location_counts=location.value_counts()
plt.bar(location_counts.index,location_counts)
plt.pie(location_counts,labels=location_counts.index)
plt.show()
```

输出结果如图 9.16 和图 9.17 所示。

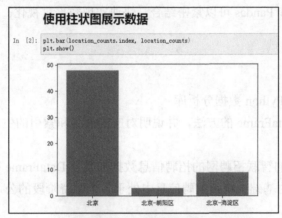

图9.16 示例9-5结果1

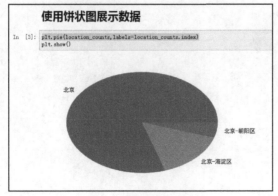

图9.17 示例9-5结果2

9.2.2　技能实训

实现 GDP 数据的可视化，具体需求如下。

➢ 从 CSV 文件中读取各国的 GDP 数据信息。

➢ 从数据中筛选出中国历年的 GDP 数据信息。

➢ 使用柱状图显示中国历年的 GDP 数据信息。

 提示

> ➢ 可以根据列 "Country Code" 筛选中国的 GDP 信息。
>
> ➢ 使用柱状图展示信息，x 轴是年份，y 轴是 GDP 值。

本章小结

➢ NumPy、Pandas、Matplotlib 这三个库是 Python 常用的数据分析库。

➢ NumPy 提供了最基础的矩阵运算功能。

➢ Pandas 的 Series 和 DataFrame 提供了丰富的数据分析接口。

➢ Matplotlib 和 Pandas 可以紧密结合、快速实现数据可视化。

本章作业

一、简答题

1．列举常用的 Python 数据分析库。

2．简述创建 DataFrame 的方法，并说明对应的列名和索引的生成方式。

二、编码题

1．将之前抓取的智联招聘网的招聘信息数据加载至 DataFrame 中并打印。

2．在编码题 1 的基础上统计招聘信息中处于各个融资阶段的公司数量，并将数据打印出来。

3．在编码题 2 的基础上使用柱状图显示处于各个融资阶段的公司数量。

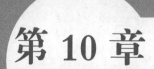

第 10 章

项目实训——爬取招聘
网站数据

技能目标

➢ 掌握分析不同网站反爬策略的能力。

➢ 掌握针对不同网站配置反反爬策略实现数据爬取的能力。

➢ 了解布隆过滤器的特点。

➢ 掌握使用布隆过滤器实现爬虫增量爬取的方法。

➢ 能够针对不同的招聘网站开发数据爬取代码。

本章资源下载

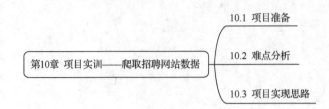

第10章 项目实训——爬取招聘网站数据

10.1 项目准备

10.2 难点分析

10.3 项目实现思路

10.1 项目准备

经常有新闻写我们已经进入数据化的时代，大数据将对这个世界产生巨大的影响，人工智能是当前最火的行业。那么，真实的情况是什么样呢？都有哪些公司在招聘数据相关岗位的人才呢？这些公司的规模情况如何？公司对应聘者有什么样的要求呢？关于数据科学相关岗位的很多问题可以通过爬取招聘网站的相关职位来获取相关的数据。图10.1 是一份爬取招聘网站指定岗位信息所得的元数据表。

元数据		智联招聘	前程无忧	拉勾网	Boss直聘	猎聘	中华英才	备注
职位信息	招聘名称	√	√	√	√	√	√	检索结果
	职位信息	√	√	√	√	√	√	内容包括"岗位职责和任职要求"
	薪资	√	√	√	√	√	√	
	职位福利	√		√	√		√	特指方框中"五险一金"等内容
	经验要求	√	√	√	√	√	√	
	学历要求	√	√	√	√	√	√	
公司信息	公司名称	√	√	√	√	√	√	部分公司信息需要进一步点击链接获得
	公司行业	√	√	√	√	√	√	
	公司性质	√	√			√	√	公司性质为民营、股份制等标签词
	公司人数	√	√	√	√	√	√	
	公司地址	√		√	√	√	√	
	公司概况	√	√	√	√	√	√	
	公司融资阶段			√	√			公司融资阶段为A轮，B轮等
浏览标签		数据分析师 人工智能 算法工程师 深度学习	机器学习 深度学习 图像处理 图像识别 语音识别 机器视觉 算法工程师 自然语言处理	机器学习 深度学习 图像算法 图像处理 语音识别 图像识别 算法研究员 数据挖掘 数据分析师	数据挖掘 自然语言处理	数据挖掘		浏览标签存在于不同的父标签下。特殊的，猎聘网需要进入IT互联网子站
检索词		数据挖掘 机器学习	数据分析 数据挖掘 算法* 机器学习 深度学习 人工智能	数据分析 数据挖掘 算法*		算法* 机器学习 深度学习 人工智能	算法* 机器学习 深度学习 人工智能	*算法一词作为检索词，并且在检出结果中，职位名称字段文本应当包括"算法"二字
特殊		每个网站既包括浏览标签点击又包括检索，所以需要对网站内的招聘信息做去重工作						

图10.1 招聘网站指定岗位信息爬取所得元数据表

通过元数据表可以直接获得以下需求信息。

（1）目标爬取网站有 6 个：智联招聘、前程无忧、拉勾网、Boss 直聘、猎聘网和中华英才网。

（2）从网站爬取的目标包括两部分：职位信息和公司信息。

① 职位信息共 6 项：招聘名称、职位信息、薪资、职位福利、经验要求、学历要求。

但并不是所有的网站都需要获取全部的职位信息。

② 公司信息共 7 项：公司名称、公司行业、公司性质、公司人数、公司地址、公司概况、公司融资阶段。同样不是所有的网站都需要获取全部的公司信息，并且有些网站在爬取公司信息时做不到一步到位，还需要进一步爬取。

（3）从每个网站搜索岗位时用到的浏览标签和检索词不完全相同，而且当检索词是"算法"时要对搜索结果进行筛选，筛选条件是职位名称中必须包括"算法"二字。

（4）为了保证爬取结果的准确性，需要对网站内的招聘信息做去重。

以上是从招聘网站数据爬取元数据表中能够直接分析出来的爬虫项目需求信息。下面根据需求信息进行爬虫项目设计。

1. 爬虫数据保存

对于爬虫来说，最重要的是爬取下来的数据。所以爬虫项目在开发时最重要的就是确定如何保存数据，以及需要保存哪些数据。

（1）确定数据的保存格式

数据可以选择 MySQL 等数据库进行保存，也可以选择以文件的形式，如 CSV 或 JSON 格式进行保存。如果爬虫项目是一个大项目中的子项目，那么通常会选择以数据库的形式进行数据保存。原因是数据库在大数据量的情况下会有很好的性能，并且在各个子项目间共享数据，数据库更加便利、更有优势。但是在本项目中，我们选择以文件的形式保存爬取的数据，并且是以 CSV 格式来进行保存。选择这种保存格式的原因如下。

➤ 通过前期调研分析，预期单个网站上能够爬取的数据量不会特别大，使用文件保存不会出现读写性能过低的情况。

➤ 本项目为独立项目，无须跟其他项目共享数据，如果需要做数据迁移，文件的形式更加方便。

➤ CSV 格式可以使用 EXCEL 等工具直接打开，方便查看爬取结果。

➤ Scrapy 爬虫框架的 Feed exports 功能实现方便，能够降低项目的复杂度。

（2）确定数据保存字段

确定好数据的保存格式之后，还需要确定在文件中保存哪些数据。这里遇到一个问题，从元数据表中可以看出，每个网站需要获取的职位信息和公司信息不尽相同，那么是不是保存数据时也要针对不同的网站采取不同的策略？这里建议针对每个网站在保存数据时，保存相同的字段。这样设计的理由如下。

➤ 保证数据的一致性，降低项目设计的复杂性。

➤ 所有网站保存的字段相同，对无法获取的字段只需要设置值为空即可。如果数据需要进行后续的分析处理，可以使用分析工具快速去除空值，不影响数据分析的效率。

此爬虫项目最后定义的保存数据的字段如表 10-1 所示。

表 10-1　项目数据保存字段表

编号	字段名	说明
1	job_name	招聘名称
2	job_info	职位信息
3	job_salary	薪资
4	job_welfare	职位福利
5	job_exp_require	经验要求
6	job_edu_require	学历要求
7	company_name	公司名称
8	company_industry	公司行业
9	company_nature	公司性质
10	company_people	公司人数
11	company_location	公司地址
12	company_overview	公司概况
13	company_financing_stage	公司融资阶段
14	job_url	招聘信息详情页面的 URL
15	record_date	爬取数据的时间
16	job_tag	爬取数据的浏览标签或检索词

表 10-1 中的前 13 个字段是元数据表中要求保存的字段，此处不做过多的解释。最后 3 个字段的解释如下。

➤ job_url：保存招聘信息详情页面的 URL，方便对爬取数据的回溯。在爬取完成后，验证数据时，可能会发现数据结果有错。此时，如果在数据结果中保存了原页面的 URL，则可以验证问题发生的原因，改进爬虫。

➤ record_date：因为招聘信息是有时效性的，保存爬取数据的时间可以为今后的数据分析提供更多可借鉴的数据。

➤ job_tag：保存爬取数据的浏览标签或检索词，可以更清晰地展示数据的来源，进行有针对性的分析。

该数据保存字段的设计说明，在进行爬虫项目的数据保存设计时，并不是机械地按照需求来设计，而是要更进一步分析挖掘，对需求进行完善。

2. 爬虫功能设计

（1）爬虫工程规模

根据需求可以看出爬取数据的目标网站共有 6 个。因为一个爬虫工程可以有多个爬虫文件，并且在爬虫数据保存设计中已经确定所有网站使用统一的数据保存字段，因此我们可以选择创建一个爬虫工程包含多个爬虫文件用于爬取不同网站。如果这样设计爬虫就面临两个比较严重的问题。

① 由于各个网站的反爬虫力度不同，所以针对每个网站都要设计不同的反反爬策略，因此无法做到 settings.py 模块的统一，爬虫的复杂性很高。

②　即使爬虫项目完成开发了，也理清了各个爬虫间反反爬策略的关系，但是网站反爬策略是会不断调整的。过于庞大复杂的项目在后期维护上常会出现顾此失彼的问题。

鉴于以上两个原因，爬取各个网站的爬虫并不适合放在一个爬虫工程，而且针对每一个网站创建一个爬虫工程，通过复用代码，并不会增加很多的工作量，但是却会极大地降低项目的复杂度，降低开发难度和维护难度。因此一个招聘网站创建一个爬虫工程是更合适的解决方案。

（2）爬虫去重功能

每个爬虫需要实现对爬取数据的去重功能。Scrapy 爬虫框架本身是有去重功能的，但是这个去重功能只是针对当次爬取的去重。而招聘网站上的招聘数据每天都会更新，会有新的招聘信息发布。如果使用 Scrapy 爬虫框架自带的去重功能就会导致每天都要爬取之前已经爬取过的重复数据，事实上这会浪费大量资源，也没有实现真正的去重。所以需要给爬虫添加上基于已爬取数据的增量爬取功能，也就是爬虫在爬取数据时要根据已爬取的数据判断爬取到的数据是否需要保存下来。

本项目将使用布隆过滤器实现爬取数据的去重功能，在后面的课程中将介绍布隆过滤器的原理和使用方法。

（3）爬虫的反反爬策略

在进行爬虫功能设计时不但要考虑数据的需求和功能上的需求，还要考虑目标网站的反爬策略。通过测试可以得到每个网站的反爬策略，如表 10-2 所示。

表 10-2　网站反爬策略

网站	反爬策略
前程无忧	未设置反爬
中华英才	需要设置请求头 referer 属性才能获取全量招聘岗位列表
猎聘	爬取过于频繁会被封 ip，经过一段时间后自动解封
智联招聘	网站使用前后端分离技术实现，获取招聘岗位列表需要分析出数据请求接口
Boss 直聘	➢ 会对频繁请求的 ip 进行封禁 ➢ 需要设置请求时的 Cookie 属性 ➢ 需要对爬虫的 User-Agent 进行伪装
拉勾	➢ 网站使用前后端分离技术实现，获取招聘岗位列表需要分析出数据请求接口 ➢ 会对频繁请求的 ip 进行封禁 ➢ 需要设置请求时的 Cookie 属性 ➢ 需要对爬虫的 User-Agent 进行伪装

以上这些网站反爬策略是如何分析出来的呢？通常情况下，获取网站招聘列表的URL 后，不对爬虫进行任何反反爬设置，直接启动爬虫进行数据爬取，观察爬虫是否能够获得招聘列表页的数据通常有以下 3 种情况。

①　能够获得招聘列表页的数据，爬虫中获得数据与在浏览器上获得的数据一致。

②　能够获得招聘列表页的数据，但是爬虫中获得数据与在浏览器上获得的数据差距很大。

③　无法获得招聘列表页的数据。

如果是情况①，则说明网站未设置反爬措施。如果是情况②，则说明在爬虫中请求网页数据时，需要额外设置 HTTP 请求头的某些属性才能够获得正确的信息。具体设置哪些属性需要使用 Fiddler 工具逐条添加请求头属性来测试。这种情况比较罕见，本项目爬取的招聘网站只有中华英才网是这种情况。如果是情况③，则可能情况比较多：比如网站已经对你的 ip 进行了封禁、需要设置 HTTP 请求头的某些属性才能获取网页数据，或该网站采用了前后端分离技术。确定的方法是用同一台机器上的浏览器访问网站，如果能正常访问则说明 ip 没有被封禁；在招聘列表页面查看网页源代码，确定网页是否使用了前后端分离技术来加载数据；使用 Fiddler 工具逐条添加请求头属性来测试需要设置哪些 HTTP 请求头属性才能正确访问网站（通常是 User-Agent 或 Cookie 属性）。

分析网站的反爬策略是开发爬虫项目最重要的一步，而且即便分析出来了，由于网站改版升级等情况的出现，也可能需要对爬虫进行相应的调整。因此分析网站的反爬策略是一个长期工作。分析出网站的反爬虫策略后，就可以在开发爬虫时有针对性地进行设置，具体如何实现将在项目实现阶段进行详细讲解。

3．项目环境准备

完成"爬取招聘网站数据"项目，对开发环境的要求如下。

➢ 开发工具：Pycharm Community，Anaconda3.5.1，Scrapy1.5.0，Fiddler4，pybloom-live。

➢ 开发语言：Python3.6.4。

4．项目覆盖技能点

项目覆盖技能点如下。

➢ 在 Scrapy 爬虫框架中使用 xpath 提取网页数据的方法。

➢ 从 JSON 中提取数据的方法。

➢ 分析网站反爬策略，并配置 Scrapy 爬虫框架突破网站反爬策略实现网站数据爬取。使用到的技术包括：使用代理 ip、配置爬虫爬取速度、配置爬虫 HTTP 请求时的 User-Agent 或 Cookie 等属性。

➢ 使用布隆过滤器实现爬虫基于已有数据的增量爬取功能。

➢ 使用 Feed exports 将爬取的数据保存为 CSV 格式。

10.2 难点分析

1．分析获取网站全国范围内的招聘列表的方法

在开发爬虫时，爬虫的起始页面 URL 是非常重要的属性。如果起始页面的 URL 错误，则后续获取的所有数据都是错误的。而比较容易犯的错误是没有选择全国范围内的招聘信息，而选择了某个城市的招聘信息。

对于没有使用前后端分离技术实现招聘列表页面的网站，直接将网页 URL 作为爬取起始页面的 URL 就可以了。这类网站包括前程无忧、猎聘网、Boss 直聘和中华英才网 4 个网站。如果网站采用了 AJAX 技术，实现了前后端分离，则需要进一步分析招聘列表页面获取动态加载招聘列表时的数据接口，这类网站包括智联招聘和拉勾网。分析方法是使用 Chrome 开发者工具中的 Network，选择"XHR"过滤后刷新页面，找到数据接口，如图 10.2 所示。

图10.2　获取智联招聘的招聘列表数据接口

2. 同一网站的招聘详情页面 HTML 结构不一致

每个网站的招聘详情页不同很好理解，但是在实际的爬虫开发中会发现，即便是在同一个网站内，也会存在多个详情页面的模板。比如，在智联招聘网站的招聘详情页中，大部分的招聘页是社招网页，如图 10.3 所示。

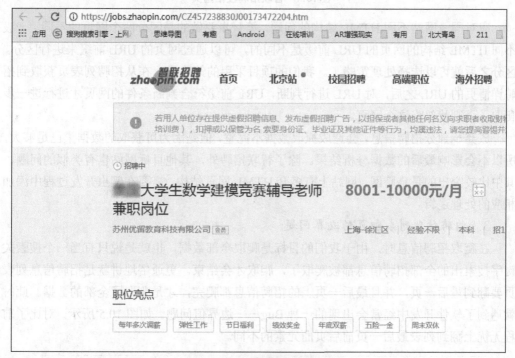

图10.3　智联招聘社招网页

但是有些也会出现如图 10.4 所示的校招网页。

此时如果不做相应的处理就会使爬虫在爬取过程中出错，可能导致无法爬取到全部信息或爬取到大量无效数据。对此，无论是通过 Log 日志还是在数据集中发现异常值，都要借助于 job_url 字段来分析具体问题产生的原因。所以保存 job_url 字段是非常重要的，在爬虫问题的定位上起到了非常关键的作用。

图10.4　智联招聘校招网页

应对同一网站不同 HTML 结构的问题，第一步要做的是区分两个网页的不同。一般不同 HTML 结构的网页的 URL 前缀是不同的，可以通过网页的 URL 前缀来进行区分。区分之后就可以选择处理策略了。我们的项目采用的策略是：在从招聘列表页获取到招聘详情页的 URL 之后，对 URL 进行判断，URL 前缀符合判断条件的网页才进行进一步爬取，否则就忽略这个网页。

放弃一部分招聘信息，会造成抓取数据不完整，但是因为可获取的数据量已足够大，所以不会影响最后的数据分析结果。除了智联招聘外，其他目标网站也有类似的问题，其中比较突出的是猎聘网，网站上有多套 HTML 网页结构，需要在爬虫开发过程中添加相应的处理逻辑。

3. 招聘信息列表翻页的边界问题

在爬取招聘信息时，由于我们的目标是爬取全部数据，也就是说只有当一个搜索关键字搜索出的全部招聘信息都被爬取了，爬取才会结束。更通俗地讲就是招聘信息列表页要翻到最后一页，并且最后一页上的招聘信息都爬完，才是爬取了全部的数据。此时就遇到了软件开发中经常会出现的一种 Bug——边界值问题。如图 10.5 所示，对比了前程无忧上翻到列表最后一页前后页面元素的不同。

图10.5　前程无忧招聘信息列表页的边界问题

从图 10.5 中可以看出，达到最后一页前 ">" 按钮是可点击的，翻到最后一页后 ">" 按钮不可点击。在可点击时，可以利用此按钮实现爬虫在爬取时的翻页功能。当招聘列表翻到最后一页后，可以根据这个按钮不可点击的状态做出判断，停止爬取。前程无忧爬虫中处理边界问题的代码如下。

```
next_page_url=response.xpath('//a[@id="rtNext"]/@href').extract_first()
if not next_page_url is None:
    yield Request(next_page_url,callback=self.parse,meta={"tag":tag},dont_filter=True)
```

对于边界问题，处理的办法需要根据实际情况制定，但是在开发爬虫时要提醒自己会出现边界问题，应添加相应的处理避免 Bug 的发生。

4. 爬取数据去重

在前面的需求分析中已经确定 Scrapy 爬虫框架自带的去重功能无法达到我们的需求，因此要自定义去重功能。这个去重功能要满足，在爬虫重启后能够载入之前已爬取的内容标识，实现增量去重；并且这个去重功能占用的内存资源要小，因为随着已爬取的内容越来越多，去重功能势必会使用越来越多的内存来保存之前的爬取记录。

（1）去重策略

直接使用招聘详情页的 URL 作为标志即可实现去重。但是本项目中，为了以后数据分析时能更有针对性去重，采用 URL 和搜索关键字相结合作为去重标志。因为某条记录有可能在使用关键字"算法"时搜索出来，也有可能在使用关键字"机器学习"时搜索出来，如果只以 URL 为去重标识，则可能造成一定程度上的信息流失。所以对应到数据保存字段就是使用 job_url 和 job_tag 结合在一起作为去重的标识。

（2）去重方法

在提到实现去重方法时，最先想到的应该是 Set 集合。这个数据结构在开发中常用于实现去重功能，在数据量比较小的情况下使用 Set 去重是非常好的选择，但是当数据量很大时直接使用 Set 去重会占用大量的内存资源，导致系统运行效率降低，严重时甚至会发生 OOM（OutOfMemory）内存不足错误，导致系统崩溃。

在本项目中，随着爬虫爬取的数据越来越多，直接使用 Set 集合去重会占用大量的内存资源。因此我们需要这样一种去重功能，它需要在数据量非常大的情况下，占用内存资源的增长速度缓慢可控。这里给大家介绍一种经常在爬虫中使用的去重算法——布隆过滤器。

布隆过滤器（Bloom Filter）是由布隆在 1970 年提出的，它是一种二进制向量数据结构，具有很好的空间效率和时间效率。但是布隆过滤器并不是完美的，相比于 Set 的可靠，布隆过滤器返回的结果有一定的出错概率。随着向过滤器中插入的元素越多，错判的概率就越大，出错概率可以根据实际情况设置。

布隆过滤器的算法原理如下。

① 假设数据集合 A=$\{a_1,a_2,a_3,\cdots,a_n\}$，含 n 个元素，作为待过滤集合。

② 布隆过滤器用一个长度为 m 的位向量 V 表示集合中的元素，位向量初始值全为 0。

③ k 个具有均匀分布特性的散列函数 h_1，h_2，…，h_k。

④ 对于加入的元素 x，首先经过 k 个散列函数产生 k 个随机数 $h_1(x), h_2(x), …, h_k(x)$，使向量 V 的相应位置 $h_1(x)$，$h_2(x)$，…，$h_k(x)$均值为 1。

⑤ 对于新加入的元素 y 的检查，首先将 y 经过上步中类似操作，获得 k 各随机数 $h_1(y)$，$h_2(y)$，…，$h_k(y)$，然后查看向量 V 的相应位置 $h_1(y)$，$h_2(y)$，…，$h_k(y)$上的值，若全为 1，则该元素已经存在于集合中；若至少存在一个 0，表明此元素不在之前的集合中，为新元素。算法原理如图 10.6 所示，图中的 Bit Array 就是向量 V。

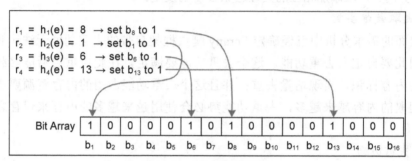

图10.6　布隆过滤器原理

从算法上可以看出，布隆过滤器不会出现错判新数据不存在于集合中的错误，但是会出现错判新数据已存在于集合中的错误。不过这种错误率，在大规模数据的场景下是可以容忍的。

在实际开发过程中我们并不需要自己去开发一个布隆过滤器，只需要安装现有工具包 Pybloom 即可。接下来只要设置过滤器的大小 capacity 和出错概率 error_rate，就可以方便地使用了。

示例 10-1

安装布隆过滤器后，首先设置过滤器大小为 10000，出错概率为 0.01；其次向过滤器中顺序添加字符串：Tencent，Alibaba，Baidu，Tencent，JD；最后打印数据结果。具体使用步骤如下。

① 安装布隆过滤器：pip install pybloom_live。

② 创建布隆过滤器。

③ 向过滤器中先后添加字符串，验证过滤器输出结果。

关键代码如下。

```
import pybloom_live
f=pybloom_live.BloomFilter(capacity=10000,error_rate=0.01)
print("add Tencent:",f.add("Tencent"))
print("add Alibaba:",f.add("Alibaba"))
print("add Baidu:",f.add("Baidu"))
print("add Tencent:",f.add("Tencent"))
print("add JD:",f.add("JD"))
```

输出结果如下。

add Tencent:False

add Alibaba:False

add Baidu:False

add Tencent:True

add JD:False

从输出结果可以看出，当向过滤器中添加一个新字符串时，会返回 False。而当加入一个过滤器中已存在的数据时，会返回 True。利用 PyBloom 可以方便地实现数据的高效过滤。

注意

在使用布隆过滤器时，capacity 的值越大，error_rate 的值越小，出错的概率越低，但是占用的资源也会越多。因此需要根据实际情况合理选择。

（3）增量去重

在开发去重功能时，为了达到增量去重的效果，项目中需要记录哪些招聘数据已经爬取过了。可以直接从保存爬取数据的 CSV 文件中读取 job_url 和 job_tag 两个字段，把数据加入布隆过滤器中。为了让代码逻辑更清晰，本项目选择单独使用文本文件 filter.txt 保存 job_url 和 job_tag 的字符串组合。

在爬虫启动时，打开 filter.txt 将已经保存的过滤标识加载到布隆过滤器里；然后当成功爬取某个招聘详情数据后，将这个网页的 job_url 和 job_tag 组合追加到 filter.txt 中，从而实现爬虫的增量爬取。

5. 突破网站的反爬虫机制

网站的反爬虫策略，常规的有检验 HTTP 请求的 User-Agent 或 Cookie 属性。对这种力度的反爬虫网站只需要使用 Fiddler 或 Chrome 的 Network 工具仔细观察 HTTP 请求头等信息，然后细致测试即可找到突破网站的反爬虫机制的方法。

在本项目中，招聘网站的反爬虫策略最难实现的是 ip 封禁。一旦某个 ip 在短时间内对网站进行频繁访问，猎聘、拉勾、Boss 直聘就会将这个 ip 列入黑名单。当这个 ip 再次发起请求时，网站就会拒绝响应。不同网站对频繁访问的容忍度不同，比如猎聘网对爬虫比较宽容，只有爬虫访问频率很高（试验中 3s 一次请求不会被封）时才会封 ip，因此设定合理的请求频率可以避免触发猎聘的反爬虫策略。如果被封了也没关系，大概 1～2 天不去爬取这个网站，ip 就被解封了。调整抓取频率后就可以继续抓取了。

经过测试会发现拉勾和 Boss 直聘在使用爬虫爬取内容 2～3 次后就会将 ip 加入黑名单并拒绝访问，因此这里就需要使用代理 ip 技术。因为 Scrapy 爬虫框架是多线程的，所以直接使用 Scrapy 自带的代理 ip 功能需要拥有大量可用 ip 的代理 ip 池。可用的代理 ip 就像网络带宽一样也是非常重要的资源。一般有大量爬取需求的公司会有这样的代理

ip 资源。同时网上有很多网站会提供免费的代理 ip 列表，但是这种免费资源极不稳定，而且搜集起来也比较困难。在本项目中，我们使用的是付费的代理 ip 网站。这样的网站通常会在购买后提供一个限时的 API 接口，每次访问该接口可以获得一个可用的代理 ip 来实现代理访问。如图 10.7～图 10.9 所示。

套餐类型	可使用时间	每次接口返回IP个数	预计可用IP量	IP有效期	原价	优惠价	购买
套餐一·测试	4小时	- 1 +	15000 左右	1分钟 ▼	9.6元	4.0 元	续费充值
套餐二·包天	24小时	- 1 +	15000 左右	1分钟 ▼	24.0元	10.0 元	续费充值
套餐三·包周	7天	- 1 +	15000 左右	1分钟 ▼	134.4元	56.0 元	续费充值
套餐四·包月	31天	- 1 +	15000 左右	1分钟 ▼	384.0元	160.0 元	续费充值
套餐五·包季度	93天	- 1 +	15000 左右	1分钟 ▼	960.0元	400.0 元	续费充值
套餐六·包半年	180天	- 1 +	15000 左右	1分钟 ▼	1680.0元	700.0 元	续费充值
套餐七·包年	365天	- 1 +	15000 左右	1分钟 ▼	3000.0元	1250.0 元	续费充值

图10.7　某代理ip网站套餐

图10.8　创建动态代理API接口

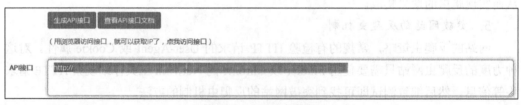

图10.9　API接口展示

使用浏览器访问 API 接口的 URL，就可以获得代理 ip 的 ip 地址和端口了。

从图 10.7 可以看出，在购买代理 ip 服务时，随着单次请求后获取的 ip 数量增加，价格也会增加。我们预算有限，就只能选择单次请求只返回一个 ip 的服务。基于获得代理 ip 的手段和获取 ip 的数量限制，我们无法使用 Scrapy 爬虫框架自带的代理功能实现爬取。这是因为 Scrapy 爬虫框架使用代理 ip 的机制是：Scrapy 爬虫框架在运行时会先大量地构造 Request 请求对象，再将这些 Request 对象放入队列中等待调度请求。而代理 ip 需要设置到 Request 中才会生效。Scrapy 爬虫框架的机制是在 Request 进入队列前进行设置代理 ip，但是当它真正进行访问的时候先前设置的代理 ip 可能已经失效了，这样就会造成爬取失败。所以我们需要对 Scrapy 爬虫框架进行改造。改造的目标如下。

➢ 不使用 Scrapy 爬虫框架自带的网络请求调度模块，基于单任务实现网页爬取。

➢ 改造后可以复用 Scrapy 爬虫框架的数据保存模块、xpath 网页解析等功能，降低爬虫开发难度。

单任务爬取是以降低爬取效率为代价，达到低资源条件下实现代理爬取的目标，这是妥协后的无奈之举。但我们希望改造后的影响仅限于数据请求模块，为了今后项目的可维护性，改造后应不影响 Scrapy 爬虫框架其他模块的可用性。也就是在 Scrapy 爬虫工程中使用 requests 库实现代理 ip 请求，并复用其他功能模块。具体实现方式会在项目实现思路中详细讲解。

10.3 项目实现思路

由于本项目需要实现多个爬虫工程，我们将会由易到难地讲解如何实现爬虫。首先以前程无忧网站数据爬取为例讲解爬虫的基本功能以及爬取数据的去重功能实现；然后在此基础上改造爬虫工程，依次实现中华英才网、猎聘网、智联招聘、Boss 直聘和拉勾网的爬虫工程。

1. 前程无忧招聘数据爬虫

（1）定义 items 类

根据表 10-1 定义 items 类。

关键代码如下。

```
class JobscrawlerItem(scrapy.Item):
    job_url=scrapy.Field()
    record_date=scrapy.Field()
    job_tag=scrapy.Field()
    job_name=scrapy.Field()
    job_info=scrapy.Field()
    job_salary=scrapy.Field()
    job_welfare=scrapy.Field()
    job_exp_require=scrapy.Field()
    job_edu_require=scrapy.Field()
    company_name=scrapy.Field()
    company_industry=scrapy.Field()
    company_nature=scrapy.Field()
    company_people=scrapy.Field()
    company_location=scrapy.Field()
    company_overview=scrapy.Field()
    company_financing_stage=scrapy.Field()
```

（2）配置 settings.py

适当控制爬虫的爬取频率，防止因爬取频率过高给网站造成过大负担。将 DOWNLOAD_DELAY 属性值设置为 3，即每 3s 爬取一次。

（3）开发爬虫数据提取逻辑

此处的爬虫数据提取逻辑包含以下内容。

① 设置 start_urls 属性作为爬取起点。每个搜索关键字都有一个对应的 URL 作为爬取起始页。

② 编写 parse()方法的代码，在 parse()方法中实现从招聘列表中提取招聘详情页面的 URL，使用 URL 构造招聘详情页面请求的 Request 对象并指派由 detail_parse()方法处理。

在 parse()方法中要添加代码防止同一网站的招聘详情页面 HTML 结构不一致导致爬虫出现解析错误；在翻页爬取招聘列表页面时，注意处理翻到最后一页时的边界值问题。

关键代码如下。

```python
def parse(self,response):
    xpath="//div[@class='el']"
    items=response.xpath(xpath);
    for item in items:
        #过滤无效节点
        if not len(item.xpath("./p[@class='t1']")):
            continue
        url=item.xpath("./p[@class='t1']//a/@href").extract_first()
        #过滤 HTML 结构不一致的页面
        if not url.startswith("…"):
            continue
        yield Request(url,callback=self.detail_parse)
    #获取下一页招聘列表页面的 URL
    next_page_url=response.xpath('//a[@id="rtNext"]/@href').extract_first()
    #招聘列表页面边界值判断
    if not next_page_url is None:
        yield Request(next_page_url,callback=self.parse)
```

③ 实现当搜索关键字为"算法"时，过滤岗位名称中不包含"算法"二字的招聘信息。这需要代码中能够获得当前爬取的页面对应的搜索关键字。实现方法是定义 start_url_tags 列表，列表中保存的搜索关键字与 start_urls 列表中的爬取起始页相对应，并在构造 Request 请求时，使用 meta 将 tag 与 Request 绑定。通过 Response 获取对应的 tag 属性，然后再进行判断。

关键代码如下。

```python
def start_requests(self):
    for index in range(len(self.start_urls)):
        url=self.start_urls[index]
        tag=self.start_url_tags[index]
        yield scrapy.Request(url,callback=self.parse,meta={"tag":tag})
def parse(self,response):
    tag=response.meta["tag"]
```

```
    ...
    for item in items:
        ...
        #过滤搜索关键字为"算法"，但岗位名称中不包含"算法"的招聘信息
        title=item.xpath("./p[@class='t1']//a/text()").extract_first()
        if tag=="算法" and not("算法" in title):
            continue
        ...
```

④ 在 detail_parse()方法中提取招聘详情页面的目标数据，并构造 item 对象返回。关键代码如下。

```
def detail_parse(self,response):
    tag=response.meta["tag"]
    url=response.url
    item=JobscrawlerItem()
    item["job_url"]=url
    item["record_date"]=self.record_date
    item["job_tag"]=tag
    # 招聘名称、职位信息、薪资、职位福利、经验要求、学历要求
    item["job_name"]=response.xpath('//div[@class="cn"]/h1/text()').extract_first().strip()
    item["job_info"]="".join(response.xpath('//div[@class="bmsg job_msg inbox"]//text()').extract()).strip()
    item["job_salary"]="".join(response.xpath('//div[@class="cn"]/strong/text()').extract()).strip()
    item["job_welfare"]=",".join(response.xpath('//span[@class="sp4"]/text()').extract()).strip()
    item["job_exp_require"]=response.xpath('//p[@class="msg ltype"]/text()').extract()[1].strip()
    item["job_edu_require"]=response.xpath('//p[@class="msg ltype"]/text()').extract()[2].strip()
    # 公司名称、公司行业、公司性质、公司人数、公司概况
    item["company_name"]=response.xpath('//div[@class="com_msg"]//p/text()').extract_first().strip()
    item["company_industry"]="".join(response.xpath('//span[@class="i_trade"]/../text()').extract()).strip()
    item["company_nature"]="".join(response.xpath('//span[@class="i_flag"]/../text()').extract()).strip()
    item["company_people"]="".join(response.xpath('//span[@class="i_people"]/../text()').extract()).strip()
    item["company_location"]=""
    item["company_overview"]="".join(response.xpath('//div[@class="tmsg inbox"]//text()').extract()).strip()
    item["company_financing_stage"]=""
    yield item
```

完成以上代码之后，使用命令"scrapy crawl qiancheng_spider –o jobs.csv"就可以启动爬虫并将爬取的数据保存到 jobs.csv 文件中了。

（4）改造 Feed exports

我们要实现的是增量爬虫，也就是爬虫重启后仍可以正常运行，并且不产生额外冗余数据。但是如果大家仔细观察，会发现多次重启爬虫后在 jobs.csv 文件中会出现多次 head 标签行，这就需要我们自定义 HeadlessCsvItemExporter，实现只有在第一次向 CSV 文件中保存数据时才添加 head 标签行，追加数据时则不添加。

步骤如下。

① 在与 settings.py 同级的目录下创建 exporters.py 文件。

② 定义 HeadlessCsvItemExporter 类。

③ 重写构造方法，设置追加时不添加 head 标签行。

④ 配置 settings.py，使用自定义 CSV Exporter。

关键代码如下。

exporters.py 文件：

```
from scrapy.exporters import CsvItemExporter
class HeadlessCsvItemExporter(CsvItemExporter):
    def __init__(self,*args,**kwargs):
        # args[0] is(opened)file handler
        # if file is not empty then skip headers
        if args[0].tell()> 0:
            kwargs['include_headers_line']=False
        super(HeadlessCsvItemExporter,self).__init__(*args,**kwargs)
```

settings.py 文件：

```
FEED_EXPORTERS={
    'csv':'JobsCrawler.exporters.HeadlessCsvItemExporter',
}
```

（5）添加布隆过滤器

在代码中添加过滤器的方法如下。

① 定义 get_filter()方法，在方法中以单例模式创建过滤器对象，并在创建对象时尝试加载历史数据文件 url_filter.txt。如果历史数据不存在则创建 url_filter.txt 文件以保存爬取记录。

② 打开详情页面前，使用它的 job_url 和 job_tag 组成新的字符串，用过滤器判断是否为新数据，如果是则爬取这个详情页面。

③ 在 detail_parse()方法中，如果爬取的页面解析成功，则将这个页面的标识字符串存入 url_filter.txt 文件。

④ 爬虫关闭时，关闭 url_filter.txt 文件。

关键代码如下。

```
def get_filter(self):
    if self.url_filter is None:
        self.url_filter=pybloom.BloomFilter(10000000,error_rate=0.001)
        #加载已爬取的数据标识
        if os.path.exists("./url_filter.txt"):
            self.url_filter_file=open("./url_filter.txt","a+")
            #将文件光标移动到文件头部
            self.url_filter_file.seek(0)
            for line in self.url_filter_file.readlines():
                self.url_filter.add(line.strip('\n'))
        #第一次爬取，创建新文件
        else:
            self.url_filter_file=open("./url_filter.txt","a+")
```

```
            return self.url_filter
#向过滤器中添加数据，并判断数据之前是否存在
def is_url_in_bloom_filter(self,tag_url):
            result=self.get_filter().add(tag_url)
            return result
#将新的数据标识job_url和job_tag组合的字符串写入文件
def save_tag_url_to_file(self,tag_url):
            self.url_filter_file.write(tag_url+"\n")
            self.url_filter_file.flush()
#在爬虫关闭时，关闭filter保存文件
def closed(self,reason):
            self.url_filter_file.close()
def detail_parse(self,response):
            tag=response.meta["tag"]
            url=response.url
            self.save_tag_url_to_file(tag+url)
        ...
def parse(self,response):
            ...
        for item in items:
                ...
                #使用布隆过滤器实现增量爬取
                if not self.is_url_in_bloom_filter(tag+url):
                        yield Request(url,callback=self.detail_parse,meta={"tag":tag},dont_
filter=True)
```

前程无忧招聘
数据爬虫开发
演示

读者可以通过扫描二维码观看前程无忧招聘数据爬虫开发的演示视频。

 注意

　　　因为使用了布隆过滤器作为去重手段，所以要禁用 Scrapy 爬虫框架自带的去重功能。方法是在构造所有的 Request 时设置参数 dont_filter=True。设置了这个参数的Request 将不受爬虫自身过滤器的限制，因此 allowed_domains 属性也会失效。

2. 中华英才网招聘数据爬虫

　　在前程无忧招聘数据爬虫的基础上开发中华英才网招聘数据爬虫的改动非常小，因为获取中华英才网的招聘列表页时，只有设置了referer 属性才能正确获取数据。所以只要在 settings.py 中修改请求时的默认 headers 属性即可。

中华英才网招
聘数据爬虫开
发演示

　　关键代码如下。

```
DEFAULT_REQUEST_HEADERS={
        'Accept':'text/html,application/xhtml+xml,application/xml;q=0.9,*/*;q=0.8',
```

```
        'Accept-Language':'en',
        'Referer':'…',
    }
```

在 settings.py 中修改了此项配置后，不需要再做其他修改，则所有的 Request 的 headers 就都被修改了。

读者可以通过扫描二维码观看中华英才网招聘数据爬虫开发的演示视频。

 提示

中华英才网招聘详情页面中不能直接获得全部的公司信息，需要进一步爬取。

3. 猎聘网招聘数据爬虫

爬取猎聘网招聘数据的爬虫需要注意的是，猎聘网的招聘详情页面有多种 HTML 结构，可以通过页面的 URL 前缀判断 HTML 结构的类型。

在猎聘网中，招聘列表中也包含了部分我们需要爬取的目标信息。比如 job_name、job_welfare、job_salary、job_edu_require、job_exp_require、company_name 和 company_industry 字段的值都应从招聘列表中获取。然后将这些数据通过 Request 的 meta 参数传递给招聘详情页面的解析方法。

关键代码如下。

```
def parse(self,response):
    …
    for item in items:
        url=item.xpath('.//div[@class="job-info"]/h3/a/@href').extract_first()
        if not url.startswith("…"):
            continue
        if url.startswith("/"):
            url=self.pre_url+url
        job_name="".join(item.xpath('.//div[@class="job-info"]/h3//text()').extract()).strip()
        if tag=="算法" and not("算法" in job_name):
            continue
        if not self.is_url_in_bloom_filter(tag+url):
            meta={}
            meta["tag"]=tag
            meta["job_name"]=job_name
            meta["job_welfare"]=",".join([welfare_item.strip()for welfare_item in item.xpath('.//p[@class=
"temptation clearfix"]//text()').extract()]).strip().strip(',').replace(",,",",")
            meta["job_salary"]=item.xpath('.//span[@class="text-warning"]/text()').extract_first().strip()
            meta["job_edu_require"]=item.xpath('.//p[@class="condition clearfix"]//text()').extract()[5].strip()
            meta["job_exp_require"]=item.xpath('.//p[@class="condition clearfix"]//text()').extract()[7].strip()
            meta["company_name"]="".join(item.xpath('.//p[@class="company-name"]//text()').extract()).strip()
            meta["company_industry"]="".join(item.xpath('.//p[@class="field-financing"]//text()').extract()).strip()
            yield scrapy.Request(url,self.detail_page_parse,meta=meta,dont_filter=True)
```

　　猎聘网的招聘详情页面不包含公司的融资阶段等信息，还需要继续爬取才能够获得。因此也要添加相应的代码。实现方法与中华英才网招聘数据爬虫类似，请读者自己完成。

4. 智联招聘招聘数据爬虫

　　智联招聘的列表页面采用的是 AJAX 技术，也就是前后端分离技术实现的。需要先分析出获取招聘列表的数据接口，然后通过接口请求列表数据。此时返回的列表数据的格式为 JSON 格式，使用 json 库提取目标数据。因为是通过数据接口获取列表数据，所以实现翻页功能就要分析出数据接口的翻页规则。在使用数据接口时，还要注意边界的问题，智联招聘的数据接口中返回了总数据量 numFound 可以用来判断是否已经爬取完所有数据。

　　关键代码如下。

```
#获取下一页招聘列表数据的 URL
def get_next_page_url(self,url,total_num):
    #使用正则表达式生成获取当前的起始数据的索引
    pattern_str='start=\d+'
    pattern=re.compile(pattern_str)
    m=pattern.search(url)
    #start 匹配，说明当前是首页
    if m is None:
        new_url=url+"&start=60"
        return new_url
    else:
        old=m.group()
        #获取下次请求的起始索引
        num=int(old.split("=")[1])+60
        #超出 total_num，说明已经是最后一页了
        if num > total_num:
            return None
        new_param="start="+str(num)
        #构造下一页的 URL
        new_url=url.replace(old,new_param)
        return new_url
def parse(self,response):
    tag=response.meta["tag"]
    result_object=json.loads(response.text)
    #获取招聘数据的总数
    total_num=result_object['data']['numFound']
    items=result_object['data']['results']
    for item in items:
        url=item['positionURL']
        welfare=",".join(item['welfare'])
        if not url.startswith("https://jobs.zhaopin.com"):
```

```
                    continue
                if not self.is_url_in_bloom_filter(tag+url):
                    yield  scrapy.Request(url,self.detail_page_parse,meta={"tag":tag,"welfare":welfare},dont_
filter=True)
            #获取下一页数据的 URL
            nextPageUrl=self.get_next_page_url(response.url,total_num)
            if nextPageUrl is not None:
                yield scrapy.Request(nextPageUrl,self.parse,meta={"tag":tag},dont_filter=True)
    def detail_page_parse(self,response):
        tag=response.meta["tag"]
        url=response.url
        self.save_tag_url_to_file(tag+url)
        item=JobscrawlerItem()
        item["job_url"]=url
        item["record_date"]=self.record_date
        item["job_tag"]=tag
        # 招聘名称、职位信息、薪资、职位福利、经验要求、学历要求
        item["job_name"]=response.xpath('/html/body/div[1]/div[3]/div[4]/div/ul/li[1]/h1/text()').extract_
first().strip()
        item["job_info"]="".join(response.xpath('/html/body/div[1]/div[3]/div[5]/div[1]/div[2]//text()').extract()).
strip()
        item["job_salary"]="".join(response.xpath('/html/body/div[1]/div[3]/div[4]/div/ul/li[1]/div[1]/strong/
text()').extract()).strip()
        item["job_welfare"]=response.meta["welfare"]
        item["job_exp_require"]=response.xpath('/html/body/div[1]/div[3]/div[4]/div/ul/li[2]/div[2]/span[2]
/text()').extract_first().strip()
        item["job_edu_require"]=response.xpath('/html/body/div[1]/div[3]/div[4]/div/ul/li[2]/div[2]/span[3]
/text()').extract_first().strip()
        # 公司名称、公司行业、公司性质、公司人数、公司地址、公司概况
        item["company_name"]=response.xpath('/html/body/div[1]/div[3]/div[4]/div/ul/li[2]/div[1]/a/text()').
extract_first().strip()
        item["company_industry"]="".join(response.xpath('/html/body/div[1]/div[3]/div[5]/div[2]/div[2]
/ul/li[1]/strong/a//text()').extract()).strip()
        item["company_nature"]="".join(response.xpath('/html/body/div[1]/div[3]/div[5]/div[2]/div[2]/ul/li[2]
/strong/text()').extract()).strip()
        item["company_people"]="".join(response.xpath('/html/body/div[1]/div[3]/div[5]/div[2]/div[2]/ul/li[3]
/strong/text()').extract()).strip()
        item["company_location"]="".join(response.xpath('/html/body/div[1]/div[3]/div[5]/div[2]/div[2]/ul/li[5]
/strong/text()').extract()).strip()
        item["company_overview"]="".join(response.xpath('/html/body/div[1]/div[3]/div[6]/div/div/div[1]/
/text()').extract()).strip()
        item["company_financing_stage"]=""
        yield item
```

读者可以通过扫描二维码观看智联招聘招聘数据爬虫开发的演示视频。

智联招聘招聘
数据爬虫开发
演示

5. Boss 直聘数据爬虫

Boss 直聘对同一 ip 多次访问网站控制得非常严，因此需要使用代理 ip 技术实现数据爬取。为了提高爬取效率，使用付费代理 ip 接口时，如果当前 ip 仍然可以使用就不要更换 ip，直到当前 ip 已被封禁后再换新的 ip。因此还需要给获取代理 ip 的方法添加一个强制获取新 ip 的参数。

关键代码如下。

```
#获得代理 ip
def get_proxy(self,force_change=False):
    if self.isFirst or force_change:
        time.sleep(1)
        self.isFirst=False
        self.thisip=requests.get("...").content.decode("utf-8").strip()
    proxy={'https':'https://'+self.thisip,'http':'http://'+self.thisip}
    print("proxy is ",proxy)
    return proxy
```

为了适应付费代理 ip 数量少、有时限的情况，用 requests 库自己来实现下载网页数据。请求时调用 requests 中的 get()方法，通过 headers 设置请求属性，通过 proxies 参数设置代理 ip，设置 verify 忽略 HTTPS 验证并设置 timeout 请求超时参数。因为使用代理 ip 请求时，ip 随时可能失效，因此需要当请求的返回码不为 200 时，获取新的代理 ip 并重新请求网页。在正确获取网页数据后，为了复用 Scrapy 框架的 xpath 提取网页数据，需要手动构造 Selector。

关键代码如下。

```
#真正做 http 请求的方法，使用 requests 实现
#scrapy 的代理组件支持 ip 池的方式，对动态请求的 ip 代理不友好
def get_page_html(self,url):
    print("get_page_html",url)
    headers={
        "Accept":"text/html,application/xhtml+xml,application/xml;q=0.9,image/webp,image/apng,*/
*;q=0.8",
        "Accept-Encoding":"gzip,deflate,br",
        "Accept-Language":"zh-CN,zh;q=0.9,en;q=0.8",
    }
    is_error=True
    while is_error:
        try:
            ua=UserAgent()
            headers["User-Agent"]=ua.random
            page=requests.get(url,headers=headers,proxies=self.get_proxy(),verify=False,timeout=5)
            if page.status_code==200:
```

10
Chapter

```
                    is_error=False
            except Exception as e:
                    print("retry timeout")
                    is_error=True
                    self.get_proxy(True)
        print("code is ",page.status_code)
        response=scrapy.utils.response
        response.text=page.text
        response.url=url
        response.status=200
        response_selector=Selector(response)
        return response_selector
```

在使用 requests 库下载网页后，我们希望能够复用 Scrapy 爬虫框架的 Feed exports 功能。这里我们用一个不需要代理的网页的 URL 作为启动爬虫工程的钥匙，然后在爬虫的 parse()方法中定义嵌套循环，使用 requests 库实现网页的下载，使用 Scrapy 爬虫框架的 xpath 功能完成解析工作。获得到目标数据后，在 parse()方法中将含有目标字段的 item 使用 yield 返回给爬虫引擎，从而实现数据的保存工作。

关键代码如下。

```
def start_requests(self):
    yield scrapy.Request("…",callback=self.parse)
def parse(self,response):
    self.is_url_in_bloom_filter("start_filter")
    #从入口 URL 开始爬取
    for index in range(len(self.start_urls)):
        list_url=self.start_urls[index]
        tag=self.start_url_tags[index]
        is_last_page=False
        while not is_last_page:
            list_page_response=self.get_page_html(list_url)
            xpath="//div[@class='job-list']//li"
            items=list_page_response.xpath(xpath);
            for item in items:
                detail_url=item.xpath(".//div[@class='info-primary']//a/@href").extract_first()
                if self.is_url_in_bloom_filter(tag+self.pre_url+detail_url):
                    continue
                detail_response=self.get_page_html(self.pre_url+detail_url)
                if detail_response is None:
                    continue
                yield self.detail_parse(detail_response,self.pre_url+detail_url,tag)
            next_page_url=list_page_response.xpath('//a[@class="next"]/@href').extract_first()
            if not next_page_url is None:
                list_url=self.pre_url+next_page_url
            else:
```

```
                        is_last_page=True
    def detail_parse(self,response,target_url,tag):
        item=JobscrawlerItem()
        item["job_url"]=target_url
        item["record_date"]=self.record_date
        item["job_tag"]=tag
        # 招聘名称、职位信息、薪资、职位福利、经验要求、学历要求
        item["job_name"]=response.xpath('//div[@class="info-primary"]')[0].xpath('./div[@class="name"]/
/h1/text()').extract_first().strip()
        item["job_info"]="".join(response.xpath('//div[@class="job-sec"]')[0].xpath('./div[@class="text"]/
/text()').extract()).strip()
        item["job_salary"]=response.xpath('//span[@class="badge"]/text()').extract_first().strip()
        item["job_welfare"]=""
        item["job_exp_require"]=response.xpath('//div[@class="info-primary"]')[0].xpath('./p//text()')[1].extract()
        item["job_edu_require"]=response.xpath('//div[@class="info-primary"]')[0].xpath('./p//text()')[2].extract()
        # 公司名称、公司行业、公司性质、公司人数、公司概况、公司融资阶段
        item["company_name"]=response.xpath('//div[@class="info-company"]/h3//text()').extract_first().strip()
        item["company_industry"]=response.xpath('//a[@ka="job-detail-brandindustry"]/text()').extract_
first().strip()
        item["company_nature"]=""
        item["company_location"]=response.xpath('//div[@class="location-address"]/text()').extract_first().strip()
        item["company_people"]=response.xpath('//div[@class="info-company"]')[0].xpath('./p//text()')[1].
extract().strip()
        item["company_overview"]="".join(response.xpath('//div[@class="job-sec company-info"]//div[@class=
"text"]//text()').extract()).strip()
        item["company_financing_stage"]=response.xpath('//div[@class="info-company"]/p/text()').extract_
first().strip()
        self.save_tag_url_to_file(tag+target_url)
        return item
```

从代码中可以看出我们自己构造的 Selector 是支持 xpath 数据解析的。这样就充分利用了 Scrapy 爬虫框架中的已有模块，大大地节省了开发时间，提高了开发效率。当然如果条件允许，直接使用 ip 池，利用 Scrapy 爬虫框架自带的代理功能会让代码更整洁，爬取效率更高。

Boss 直聘招聘
数据爬虫开发
演示

读者可以通过扫描二维码观看 Boss 直聘招聘数据爬虫开发的演示视频。

6. 拉勾网数据爬虫

拉勾网的反爬虫策略是最复杂的，其介绍如下。

➢ 请求时会验证 HTTP 请求头中的属性。

➢ 会封禁频繁请求的 ip。

➢ 列表页面使用前后端分离技术实现，并且请求参数以 POST 表单的形式提交。

前两个反爬策略的应对方法在前面的爬虫中我们已经讲过了，现在主要来讲解第三条。使用 Network 观察拉勾网的数据接口如图 10.10 所示。

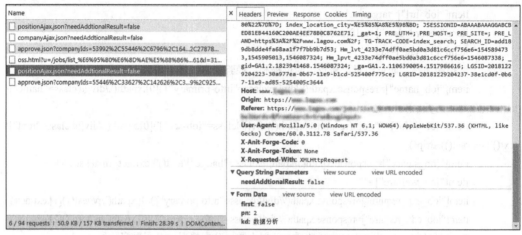

图10.10　拉勾网招聘列表数据请求接口

可以看出在数据接口请求数据时提交了 3 个数据：first、pn 和 kd。其中 first 表明是否为首页，直接设置为 false 即可；pn 表示页码；kd 表示搜索关键字。使用 requests 库提交 POST 数据需要将数据先使用 urllib.parse 库中的 urlencode()方法编码，然后将编码结果传递给 requests 的 post 方法的 data 参数，就可以完成提交 POST 数据了。

关键代码如下。

```
def parse(self,response):
    self.is_url_in_bloom_filter("start_filter")
    for keyword in self.start_urls:
        for page_num in range(1,31):
            print("first","false","pn",str(page_num),"kd",keyword)
            payload={"first":"false","pn":str(page_num),"kd":keyword}
            data=urlencode(payload)
            headerdata=self.JSON_REQUEST_HEADERS
            response=requests.post(self.json_request_url,data=data,headers=headerdata)
            try:
                for result in self.parse_json(response.text,keyword):
                    yield result
            except Exception as e:
                pass
            time.sleep(5)
```

经过测试，在访问招聘列表数据接口时只要将访问频率控制在 5s 以上，就不会引起 ip 封禁，所以在这段代码中获取招聘列表数据并没有使用代理 ip 实现。读者可以通过扫描二维码观看拉勾网招聘数据爬虫开发的演示视频。

拉勾网招聘
数据爬虫开发
演示

本章小结

本章通过完成对前程无忧、中华英才网、猎聘网、智联招聘、Boss 直聘与拉勾网这 6 个招聘网站的数据爬取，帮助大家熟练了 Scrapy 爬虫框架的使用，并且主要练习了如何在资源条件有限的前提下突破网站的反爬策略，实现数据爬取。但是这里要注意，网站的页面 HTML 结构随时可能发生变化，网站的反爬策略随时可能调整，因此爬虫开发不是一劳永逸的工作，需要不断监控调整，甚至需要学习新的反反爬技术来完成数据爬取。

解决问题是我们的目标。不断练习，不断编程，不断完成更多的项目，是提高我们的动手能力和解决问题能力的有效途径。

本章作业

独立完成对前程无忧、中华英才网、猎聘网、智联招聘、Boss 直聘与拉勾网上招聘数据的爬取。